我
们
一
起
解
决
问
题

具身认知

SELF INFLUENCING

Trainieren Sie Ihre Wahrnehmung und entscheiden Sie über Ihre Zukunft

[德]露特·E. 施瓦茨（Ruth E. Schwarz）
[德]弗里德黑尔姆·施瓦茨（Friedhelm Schwarz） 著　　李雪　余萍　译

人民邮电出版社
北　京

图书在版编目（CIP）数据

具身认知 / （德）露特·E.施瓦茨
(Ruth E. Schwarz)，（德）弗里德黑尔姆·施瓦茨
(Friedhelm Schwarz) 著；李雪，余萍译. -- 北京：
人民邮电出版社，2023.6（2023.12重印）
ISBN 978-7-115-60410-1

Ⅰ.①具… Ⅱ.①露… ②弗… ③李… ④余… Ⅲ.
①认知心理学—研究 Ⅳ.①B842.1

中国版本图书馆CIP数据核字(2022)第208511号

内 容 提 要

　　相比被动地接受环境的影响，人们更渴望发挥自主性，主动影响未来。然而，如果你不了解自己，不了解你是如何被环境影响的，你会很容易陷入误区，你的决策和行动很可能起到相反的效果。

　　那么，应该如何有效地发挥自主性呢？本书基于具身认知、大脑的神经可塑性原理、知觉受环境影响的规律、感知训练等实验研究，探讨了自我的持续发展和自主决策未来的可能性。通过本书，读者可以了解我们是如何被环境影响的，如何训练知觉以促成积极影响，如何削弱外部影响，并尽可能地让自己成为生活的主人。

　　本书适合所有渴望探索自我，渴望改变、发挥潜能、自主创造未来的读者。书中颠覆认知且非常有趣的知识点将促进读者深度思考。

◆　　著　　［德］露特·E. 施瓦茨（Ruth E.Schwarz）
　　　　　　［德］弗里德黑尔姆·施瓦茨（Friedhelm Schwarz）
　　　译　李　雪　余　萍
　　　责任编辑　姜　珊
　　　责任印制　彭志环

◆　人民邮电出版社出版发行　　北京市丰台区成寿寺路 11 号
　邮编 100164　电子邮件 315@ptpress.com.cn
　网址 https://www.ptpress.com.cn
　北京联兴盛业印刷股份有限公司印刷

◆ 开本：880×1230　1/32
　印张：8　　　　　　　　　　　　　　2023 年 6 月第 1 版
　字数：150 千字　　　　　　　　　2023 年 12 月北京第 5 次印刷
　　著作权合同登记号　图字：01-2021-6474 号

定　价：59.80 元
读者服务热线：（010）81055656　印装质量热线：（010）81055316
反盗版热线：（010）81055315
广告经营许可证：京东市监广登字 20170147 号

本书从"具身认知"出发，不仅讲述了人类的认知如何根源于身体、知觉又如何影响我们的心理，还由此提出了可以借由这些最新科学发现、提升自己的认知和幸福的方法，让你从身体和环境这些貌似"客观"的因素出发，成为掌控"主观"心理能力的"黑客"。

赵昱鲲

清华大学社科学院积极心理学研究中心副主任

荀子曰"形具而神生"，心理依赖于身体，身体与环境的交互产生认知，这就是具身认知。我们的知觉被周围的环境所影响，但也是我们通过身体感官主导塑造的，一定程度的感官训练可以帮助我们削弱外部的负面影响。《具身认知》是一本有趣的书，它可以带领我们了解身体如何决定认知的主体性和改变外界的能动性。《具身认知》可以帮助我们学习如何觉察自我和外部世界，进而通过自我影响来做出改变。

陈文锋

中国人民大学心理学系教授

《具身认知》深入浅出地介绍了当代认知心理学中一个重要的研究领域——具身认知，揭示了身体与环境之间的交互对我们认知自我和外部世界所产生的巨大影响。

刘超

北京师范大学心理学部教授

环绕我们的，也造就我们

我们与外部世界是紧密一体且不可分割的。尽管我们的思想看起来至关重要，是我们人之为人的关键，但思想并非一开始就存在。思想、决策和行为，都源于我们当下的知觉和储存在记忆中的知觉。我们的大脑所知道的一切，都来自外部。没有什么是源自我们内心的，即使我们愿意这么相信。

从出生开始，我们就是自身所处的环境的一部分。与环境的接触，使我们产生了最初的和成长过程中的所有印象和经验。我们调动着所有的感官，感知着周边的一切，而我们的言行举止也被其他人所感知。从基因的角度来说，我们就是社会动物，并被基因编程，成为与他人互动、与环境互动的社会人。

2007 年，英国认知科学家克里斯·弗里斯（Chris Frith）和卡尔·弗里斯顿（Karl Friston）提出一个假设，认为在我们的头脑中存在着一个反映物理世界和他人的思想世界的模型。我们的大脑持续不断地在无数个瞬间把这个模型与输入的感官印象做对比，并构建出我们的主观现实。我们在潜意识中不间断地理解和表述着当下或即将发生的事情。如果发现这些表述是错误的，那么我们的感受、思想和行为就立刻会受到影响。

可以说，我们是通过我们的知觉构建主观现实。我们的知觉总是服务于一个目标，这个目标要么是方向、行动、改变，要么是适应。所以我们竭力避免意外，为此，我们把内心的世界图景与输入的信息进行比对，必要时还会修正内心世界。

你的个性往哪里发展，取决于你允许哪些知觉影响自己。请你选择让谁或哪些事情影响你，而谁或哪些事情不能影响你，请训练你的知觉，请自己决定自己的未来。自我影响者会塑造自己的周边环境，调动外部知觉，主导自己内心的发展进程。这样他们就能塑造自己的世界理念，找到使自己通向幸福未来的正确道路。

省掉那些昂贵的讲座和研讨课费用吧，你自己就可以塑造自己的未来。具体怎么做，本书会告诉你。

本书涉及了最新的心理学和神经科学理论、研究发现与实验成果，这些成果都探讨了知觉及认知加工所带来的影响。其中一些或许是推测甚至有些夸张，但它们都遵循了约翰·布罗克曼（John Brockman）所建议的思考方式。布罗克曼是世界知名的科学文献代理机构——edge.org 网站的创始人，他说，我们需要更加关注被边缘化的知识，而不是跟随主流。所以，本书里没有关于大脑结构的解剖学和生理学论述，因为比起介绍大脑是什么的知识，探讨用这些知识做什么及为什么这么做，或许对我们更有帮助。

知觉需要使用感官，这些感官还必须功能完善。为此，它们需要不停地接受训练。这样一来，你就能改变和改善你头脑中的世界图景，改变和改善你的心态。

在本书最后一章，我们总结了一系列问题和建议，希望它们能帮助你提升自我认知，并由此出发，衍生出自己未来的行动需求。我们祝你成功！

本书的核心观点：

> 我们是什么，由我们的认知所塑造。

> 我们想要什么，受我们周边环境的影响。

> 我们以后怎样，由外部影响来决定。这些影响应当由我

们按自己的目的来自行决定。

> 每一个新的知觉，都会被拿来与我们的经验、记忆、我们所学习的和所经历过的事物做比较，并被评价，之后再转化为我们对未来的期望。

> 深入内心或回望过去，并不能让我们找到走向未来的道路。我们只有通过对现在的积极知觉才能找到这条路。

> 自我影响者会去塑造环境，这样他们就能通过对外界的知觉来启动内心的发展进程，从而找到通往幸福未来的正确道路。

目录

引　言

在什么情况下，我们需要了解自我影响：

1. 你对自己不满意；

2. 你对周边环境不满意；

3. 你对自己的处境不满意；

4. 你对自己正在经历的改变不满意。

这不仅是关于如何快乐、如何成功这两个短期目标，还涉及对生命是否满意这个长期目标。而你如何感知自我、他人和世界，则对此至关重要。那些看似无法改变的事物，并不是生活中长久恒定的因素。恒定的只有时时发生的、一再发生的变化。如果这些变化由你自己主导，那就还好。而如果它们是从外界向你袭来，你就要找到一种方法来应对改变，尽力而为才能问心无愧。

没有人能事先向我们保证我们的行动必然会实现目标。但如果我们尝试新的、不同的或更好的做法，总是有好处的，因为我们有了从中学习的机会。大脑的奖励系统和动力系统会积极地记录下每一个新认识的获得，并鼓励我们再次用不同的方式去尝试。一旦成功冲出过内心的牢笼，我们必然不会忘记这种体验，也会在其他情况下应用这种经验。如果你正面临以下三种情况，你就非常需要了解如何自我影响了。

⮌ 你想改变自己

你希望你的生活与现在不一样，是吗？你觉得并不幸福，是吗？你想改变什么或让自己变得更好，对自己的现在和未来更满意，也让身边的人耳目一新，是吗？但你却有这样的体验：哪怕你深入了解自己的内心世界，依然不能从内心深处促成什么进展或改变，是吗？

有这种感受的并非仅仅是你。根据一项调查问卷，85% ~ 95%的人都表达了想要改变自身的某些性格特点的愿望。但是光有意愿是不够的，你必须相信你所期望的改变确有可能，并真切渴望这种改变，然后通过自我影响开始改变之旅。不过，对于身体疾病或心理问题，医生或心理治疗师的诊断和治疗是不可替代的。但如果没有自己的努力，单靠被动参与治疗是无法获得新生的。所以，在任何情况下通过自我影响来积极参与针对问题的干预和治疗，来支持必需的改变过程，都是适当且有益的。

➲ 你希望辨识出外部影响并削弱它们

你是否有过这样的感受：你身边的人和各种媒体都在一刻不停地试图影响你，告诉你应该需要什么、应该买什么，应该做什么或不做什么？并且，当他们／它们向你提出建议时，还希望你心怀感激地接受一切。他们／它们声称这是为你好，还保证如果你听话，你的生活肯定会更好。而当你屈服于这些怂恿和催促，你真的感到快乐和满足了吗？大多数人想要的是做真实的自己，遵循自己的规则和模式，而不是复制和模仿他人的人生。自我影响也有助于此。

➲ 你想成功地应对周边环境的变化，自己塑造自己的未来

我们与周边的一切，无论人、媒体、情境和事物，都在一刻不停地互动着，这种互动过程是如此理所当然，以至于我们几乎意识

不到它们。我们的环境在改变，并通过这种改变影响着我们。哪怕是渐变的、细微的变化，也有其影响力。而正是这些变化决定了我们如何感受、如何思考，以及如何行动，并在我们难以觉察的情况下展现着它们的威力，有时我们甚至不知道自己为什么悲伤或喜悦，为什么恐惧或愤怒。要想让我们清醒地看到这些变化，直接地感知它们，通常需要我们经历一些重大的变故。

当我们的周遭世界发生了改变，并且我们自身也发生了改变时，我们通常毫无觉察。因为面对外部世界的改变，我们总是急于调整自己、适应变化。但是，如果我们能够按照自己的愿望和想法来塑造世界，难道不是更好吗？

我们的行为和我们所感、所思、所欲的一切，都是对我们经历过的和正在经历的外部世界的镜像和映射。来自过去和当下的知觉，构建起了我们非常个人化的现实基石。每当出现一种新的知觉，我们就会把它和我们的经验、记忆、我们所学的一切进行比对、评估，再转化成对未来的期待。这一切可能是自觉的，也可能是不自觉的。但是，处理感官印象的能力，对许多人来说已经荒废了。对他们来说，渐进的变化和精细的影响难以被觉察。

而我们用以塑造我们生活的关键工具，就是认知。但我们总是处于"建设中"，从未"完工"。只要我们继续生活，我们的自我就会继续发展，永无止境。我们会重新理解自己的过去，形成新的期待，并因此不断发现自己已旧貌换新颜，却意识不到改变的过程。

如果我们想改变生活中的某些方面，就需要新的认知。毕竟我们的内心是受外界影响而产生的，也只能通过外界来改变它。如果我们通过自我影响来控制认知，那么原来无意识进行的改变进程，就可能由我们主动塑造，而不是假手他人。通过自主的调节认知，我们就能自己决定未来。

我们周边的一切都会影响我们的情绪、决策和行为。感知是在没有老师教的情况下不断学习的过程。每一条被认为重要的信息都被储存到记忆中，而不重要的信息则不被理会、不予感知，在它们进入大脑的入口时就被立即挑选排出，即使某种知觉依然进入了我们的潜意识中甚至是意识中，我们也会很快遗忘它。这时，该信息仍然存在于我们的头脑中，但它与其他知觉只有微弱的联系，因此很难被记起。

01
CHAPTER

第 1 章
知觉是了解、构建和
改变自我的关键

⭢ 具身认知：身体知觉是情绪、思维、行为、决定的前提

具身认知，或具身化指的是思想的身体化，即身体与心灵之间的关联。身体智能的具身化理论基于以下假设：我们的决策和行为密不可分，而我们的思想和感受与我们的感觉 – 运动经验同样紧密关联。在过去，心理学几乎只研究大脑的认知过程，以探索我们为什么会做出某些决定，甚至是犯下某些错误。人们关注的重点是恐惧、欲望、记忆和情感。

直到实验心理学在大量的实验后才证明，我们的思维装置并非与世隔绝、独立运作，那些在头脑中产生的情感和思想，是由身体的知觉决定的。有意识甚至无意识的动作或姿势引导着我们对自身和他人的感受与判断。

环境在多大程度上决定了行为的成败，直到现在还没有被衡量计算出来。这种影响可能相当潜移默化不易被觉察，但却把我们的行为引向完全不同的，有时甚至更容易失败的方向。我们无法脱离环境来考察人类的心理，因为我们的感官恰似一座桥梁，连接了环境和我们有意识或无意识的思维过程，因为这种身心关联而发生改变的情况极其广泛而多样，远超过大多数人的预想。

身体是我们通往世界的门户

我们感知世界时，自己的身体扮演着决定性的角色。正是身体在向我们传达观念：什么是大、什么是小，什么是远、什么是近。信息涌入，我们从中构建出我们的主观世界。正是这具身体，确保了我们终其一生保有一个恒定的个性。

然而，在我们头脑中形成的世界图像并非对我们周围事物的忠实临摹。它绝不只是各种感官刺激的总和。有许多千差万别的因素在影响我们的感知和理解，其中包括我们的个性、欲望、期望、感觉，以及生活环境。从所有个性元素中，我们构建了我们所觉知的自我。

身体控制着我们的感知

很显然，我们的许多知觉都是由身体决定的。个子矮和个子高的人对世界的体验大不相同，并且不会意识到这一点。身体的灵巧程度也影响着我们。在爬山时，与健康人相比，体弱的人或忍受疼痛的人，以及年老或疲惫的人，会觉得路程更遥远，觉得山丘更陡峭。

研究人员推测，这些知觉的变形是出于我们对自身的保护，使我们承受的压力不至于超出负荷。在某些时候，如爬山或跑马拉松时，愿望和信念能激发我们不曾预想的力量。比起那些我们不以为意的事物，我们想得到的事物在感知上似乎离我们更近。许多要求进行距离估算的实验都证明了这一点。

身体姿态和面部表情都会影响我们的感受和我们对自己的看法。姿态挺拔会使人自信，比驼背的人显得更成竹在胸。当我们面露微笑、身姿挺拔、充满活力地行走或向上伸展双臂时，我们更容易想起正面的事件。与之相反，当我们弯腰驼背或步履沉重时，我们更容易想起负面的事件，或者很快就放弃某些任务，甚至面对成功也不那么自豪了。

在实验中，我们要求一些被试用牙齿咬住笔，以此激活他们的笑肌；另一些被试则被要求用嘴唇卷住笔，好让他们无法微笑。我们发现，当观看同样的卡通节目时，前者明显觉得更好笑。心理学家从实验中发现，面部表情不仅能表达感情，而且能强化或引发感情。换句话说，激活肌肉可以将人们置于特定情绪中，可以影响他们的判断。实验中的被试在点头时，更容易接受积极的话语。而那些摇头的人更倾向于储存负面信息。

大脑将身体和抽象概念联系起来

手臂屈起从桌下往上顶住桌面的人，比起伸直手臂从桌上往下按住桌面的人，能想起更多积极的事件。研究人员从中得出结论：

特定动作关联着以往该动作所伴随的积极或消极刺激。例如，手臂屈起，与人们因为想占有某物而将它拉向自己有关，或者与人的拥抱有关。手臂伸直，则与人们想把不想要的东西从身边推开有关。

在评价他人的品性时，身体的感觉也发挥着作用。例如，手握一杯热咖啡的人比手握一杯冷牛奶的人更能积极地看待他的同伴。身体上感受到的温暖与抽象的心理概念之间显然存在联系。

身体与抽象概念之间存在密切联系，对此，有一种解释是这样的：为了感知世界，大脑借用了来自具象物体的概念和想法；而要想产生这些概念和想法，大脑就必须得到身体的反馈。例如，通过观察、触摸和使用各种各样的杯子，一个孩子就学习到了杯子的概念。后来每当他想到杯子，大脑中负责抓取的区域也会活跃起来。对大脑来说，抽象概念似乎也由儿童早期的此类感官经验而来。

因此，具身化理论认为，通过接触物体，可以影响人们对某种情况的知觉。柔软的物体不仅可以使儿童减少恐惧、建立安全感，对成年人也是如此。毛茸茸——短毛或长毛——的动物在这方面起到了惊人的作用，只需抚摸它们就能减缓脉搏跳动、降低血压，人们会感到放松，压力和恐惧也会减轻。

希尔德斯海姆大学的心理学教授约翰内斯·米夏拉克（Johannes Michalak）对此解释如下：记忆被储存在不同的层面。情感信息与身体表征相联系，因此特定的动作或姿势与情绪状态相关联。如果这个记忆网络中的一个节点被激活了，如做出了某个身体姿态，那么其他节点也会被自动激活，如情绪信息。

这样一来，对新信息的注意力就出现了变形。身体姿态的改变导致我们的信息处理系统也发生了改变。姿态积极，这一系统配置就预备着处理积极信息，而消极的姿态则让该系统倾向于处理消极信息。

米夏拉克从中得出结论：专门的运动训练可能有助于对抗抑郁症。与精神健康的人相比，抑郁症患者会走路更慢，更容易弯腰驼背。所以患者要改变的不仅是他们的思维方式，他们还要学着改变行动方式。

外部世界不断影响着我们的经验

想象一下，你穿过一个花园，植物在各处开花吐蕊，你看到花朵色彩缤纷、形态各异，鼻端闻到花香，手指触及树叶。这一刻，你感觉如何？是不是放松下来，心情明快？

现在，请你再跟随我们进入一个碎石花园。你看到棱角分明的灰色尖石子铺成一个巨大的、单调的地面，其间是一条死板的混凝土道路。没有任何绿色，什么都不长，连一棵野草都没有。生命在这里是被排除的。在这里，你还能开心起来吗？很可能不会了吧。那么，此刻你是否也意识到，是什么引发了刚才的情绪变化呢？

答案是外部世界，它永久地影响着我们的经验。我们日常接收的信息包罗万象，而媒体在其中扮演着越来越重要的角色。从过去到现在，从书籍、电影，再到互联网，媒体的发展越来越快。时至今日，这一切都浓缩在智能手机上，智能手机全知全能，永恒陪伴。正所谓"无论何事，无论何时，无论何地"，如今我们几乎可以无限制地获取无限量的信息。

而智能手机本身也在发展。例如，作为智能手机配件的无线入耳式耳机，一旦佩戴它们，我们就可以全天候沉浸在音乐或有声书中。这似乎能使我们慢跑时坚持更久，上班路上更有乐趣。但事实的确如此吗？还是说，这样的"多多益善"是个陷阱，我们盲目摸索，却撞个正着？毕竟人类大脑的发展比技术的进步要慢许多！

越来越多的经济和社会活动正在向互联网转移。我们的社交生活也紧随其后。我们只在各种平台、论坛或传递的信息中相遇。这会有什么后果，会带来哪些影响？对这方面的研究还远远谈不上充分。而虚拟环境也会改变我们的身体行为。一旦儿童在很小的时候就学会了操作平板电脑，学会用手指动作来放大或缩小平板电脑上的图片，那么他们翻阅绘本时可能就会遇到麻烦，因为那些手部操作在绘本上带不来任何改变。

这种新的智能肢体动作为我们的感官带来信息，对于这种信息，我们需要一种重要的敏感度。这种敏感度必须加以训练，只有这样，我们才能从各种隐喻、手势、表面信息和其他感知带来的无意识影响中摆脱出来。你要留意如色彩、温度或纹理这种环境因素对你的影响有多大。你要尝试改善你的语言能力、你的姿态和手势。因为只有你才能决定你的未来。

大脑需要全面的训练

虽然大脑有分门别类的处理中心来处理各种感知，但在所有感官上对整个大脑加以训练，依然非常重要。因为各种感官协同合作的程度比我们通常认为的还要紧密。大脑的两个半球在一定程度上被赋予了不同的特征。在进化过程中，它们形成了某种分工，使大脑工作起来非常高效。

右脑控制左手，相对安静。它善于联想，能看到大局，充满好奇，能捕捉情绪，对新事物持开放态度，目光长远。

左脑控制右手，往往是主导性的。它一丝不苟，研究细节，擅长逻辑思考，掌握结构，有计划地工作，看清眼前的一切。

波鸿大学的脑科学家奥努尔·京蒂尔金（Onur Güntürkün）说："大脑的两个半球成分不同、功能相异。大脑分为两个独立单位，这在功能上很有意义，因为这样就节省了时间。例如，在 6 毫秒内，我们就能识别人脸，而联通两个大脑半球需要大约 38 毫秒。"

虽然大脑的两个半球是两个独立的意识单位，但我们依然拥有一个统一的意识，我们意识不到既有的工作划分。脑科学家仍在试图找出这一点的原因。

● 生命的头四年：奠定了我们认知发展的基础

早在出生之前，对环境的感知就对我们发挥了影响。尚未出生的孩子，其直接环境是母体。而母亲所经历的一切，在孩子身上也留下了痕迹。例如，准妈妈服用违禁品的案例就是明证。不仅如此，饥荒年月、战争经历、身体遭受暴力，甚至是经济匮乏，这些都不仅会对母亲的身体和心理造成影响，也会在孩子身上留下表观遗传的痕迹。

尚未出生的孩子可以触摸、嗅闻、品尝和倾听，每当有来自外界的刺激，孩子会做出反应，会储存和处理这些刺激信号。从生命的第 20 周开始，母体中的胎儿就可以听到声音，从第 28 周开始，他就能区分不同的声音刺激，还能记住它们。胎儿能认出母亲的声音，在音乐和其他声音对母亲发挥影响的时候，也能一同感受到。尚未出生的孩子已经在学习认识味道并形成偏好。

大多数人不记得他们在生命的头四年里的经历，这被称为"婴儿失忆症"或"儿童早期记忆丧失"。然而，这里所说的只是有意识的记忆。我们终其一生所使用的能力，几乎都是在生命的头四年里获得的。我们只是不再记得，我们当时怎么学会肢体协调地活动，怎么学会直立行走，或者为什么我们能理所当然地用视觉或听觉去感受空间，而这一切都是出生后就不得不学习和掌握的。

我的早年记忆

下面的内容对我来说可以作为例证，证明如果人们在情感上或身体上有足够强烈的感受，就完全能记住早期的事件。

我，弗里德黑尔姆·施瓦茨，确信我能够记住我生命中头五年里的一些事件，不是后来有人讲述，而是我亲历而来。1953年，当时我只有两岁，我的父母带着我搬家，从一个独立屋的小阁楼公寓搬到了一座带花园的房子。我记得搬家时，我坐在房东太太的腿上，她喂我吃溏心蛋。我不知道在那之前我有没有吃过溏心蛋，但是直到今日，每当我周末早上吃煮蛋时，溏心蛋和搬家的关联依旧历历在目。

我似乎还记得，搬家具的车是一辆拖车，牵引杆上边有一个带大玻璃窗的舱室，我和母亲坐在舱室里面，父亲跟着拖车司机一起坐在前面。我第一次有意识地体验了开车穿过街道的感觉。之前和之后发生的有关搬家的事，我都不记得了。但我坚信，这两段记忆——吃溏心蛋，以及坐在拖车舱室里——并非来自他人的讲述。

因为这些事对我的父母来说完全无足轻重，我想没有谁会反复讲述那么多次，以至于它们深深地烙在我的记忆中。

接下来的记忆是在 1954 年 11 月至 12 月，当时我才三岁。我的母亲身患严重的肾脏疾病，不得不手术。这类手术在当时显然相当复杂，而且伴随着高风险。尽管记忆非常模糊，但我还记得当时是我父亲的一个姑姑在照顾我。让我至今记忆犹新的是这个姑姑与另一个人的对话。那个人说："这孩子真可怜。没有母亲了，他可怎么办？威廉（就是我父亲）自己可照顾不了他。"很明显，说这话的人觉得我母亲熬不过这场手术。

我还记得在医院里，我母亲躺在病床上，脸色苍白，毫无生机，我就坐在她的床边。然后我听到有人说，我们现在必须走了。有人给我穿上外套，把我带到外面。在医院的走廊里，我突然感到非常害怕。我很想回去找母亲，还摔倒了。我还记得那里有一扇两叶的旋转门，我们曾穿门而过。当然，我没有被允许折返回去。我母亲险些没挺过那次手术。后来的日子里，她总是一次又一次讲手术这件事，但她不可能知道我记得的那些场景，因为我从未对她说起过，而那个姑姑和我父亲可能根本不会理会这些小事。所以我认为，这确实是我本人的记忆。

我还记得那段时期的一件事。圣诞节前不久，我在父亲工作室的柜子上发现了一辆蓝色三轮车，随后它在圣诞节时作为礼物被送给了我。在接下来的几年里，我总是到处骑着它。有一次，我骑着三轮车转弯速度太快，结果其中一个后轴断了，我摔倒在小路的煤渣路面上。我不知道那时我有多大，但我确实知道，我的两个膝盖都受了重伤，不得不待在家里躺在床上。我们的家庭医生每天都来，从一个小铝罐里拿出一种绿色粉末，撒在我的伤口上。有一句话，我也还记得："如果我们控制不好右膝盖的炎症，那可能要上个固定器了。"幸运的是，后来情况并非如此。直到今天，我膝盖上还有一条黑色煤渣印记，会让我回想起那场事故。

一定是在 1956 年的冬天，当时我已经五岁了，正逢霜降时节，我独自一人，从家走到汉堡的易北河。这是段很短的步行道，水面已经结冰封冻，而我想从冰上走过去。我找到一个空的炼乳罐，用尽全身力气把它朝冰面上砸过去，想看看冰面能不能承载我。这一砸没有在冰面上留下任何痕迹，于是我小心翼翼地冒险走上冰面。没走几步，冰面就裂开了，我陷了下去。我奋力挣扎，爬回冰面，拽着芦苇和树枝把自己拽回岸边。

当我在拼命时，我听到对岸的一个女人在喊道："那边有一个小男孩掉进冰窟窿里啦！"我当时只是想，她最好别大喊大叫了，否则我的麻烦更多。然后，我爬上岸往家跑去。当时我满脑子想的是在外面多待一会儿，直到我的厚羊毛大衣变干。等我觉得是时候了，我才回家。进屋后，母亲问我的第一句话就是："为什么你的毛线帽子上粘着鸭子毛？"我被脱掉衣服，擦干身体，然后被塞进父母的被窝，挨着父亲。我父亲因为重感冒需要卧床休息。而我，顺便说一句，感冒都没得。

除了这些之外，还有一些其他事件，但我已经记不起来了，或者记得不够清楚，因此就不在此叙述。我相信绝不仅是这些被我记住的事件影响了我在童年和青少年时期的知觉，那些我不记得的事件，可能有更大的影响力。至少，直到今天，我也不喜欢踩冰面，而且十几岁时，我就申请了汉堡卫生局的实习岗位，并在那里工作了八年，之后我开始读第二学位。

人脑的运转当然和计算机的运行不同，但我们仍可以把新生婴儿的大脑比作一个被格式化了的空白硬盘，必须先在上面加载一个操作系统。只有这个操作系统发挥作用时，各种程序随后才能被运行。

婴儿出生时大脑就拥有 1 000 亿个神经元，一个人成年之后所拥有的也是这个数量。然而，婴儿的这些神经元之间的连接很少。神经细胞之间的连接——神经突触——的数量在之后的时间里迅速增加。到两岁时，突触的数量已经与成年人相同，但三岁孩子的突触数量却达到了成年人的两倍，有 200 万亿。这个数量在生命的头十年保持得相当稳定，到了青少年时期才会再次减少。

如此高数量的突触也解释了为什么三岁儿童的大脑比成年人的

大脑活跃两倍以上。婴儿脑内产生了如此多的突触，也被认为是儿童极强的学习和适应能力的根基。虽然胎儿在子宫里已经感知到了感官刺激，但在出生时，婴儿实际上是一切从头开始的。

婴儿必须切切实实地理解、领会其周边环境。面对千差万别的文化体系和社会环境，婴儿是开放的。由于拥有大量的突触，只用生命的最初几年，婴儿的大脑就能储存各种各样的行为模式。是周边的环境决定了其大脑的内容和结构。婴儿很早就能把父母的声音同他人的声音区分开，也能区分母语和外语。在生命的头四年里，我们几乎已经获得了成功生活的所有基本要素，然后我们忘记了这一切是如何发生的。

直到后来，我们才学会做出正确决定

大脑的发育由经验驱动，在发育中扮演重要角色的不仅是认知过程，还包括蕴含在认知过程中的情感过程。起决定作用的正是周边环境，它决定了大脑功能成熟和优化的方向，从而也决定了成长中的人的行为。

大脑的许多系统在我们出生时已经基本可以运行，但仍需进一步优化。其中，感官系统相对较早就能全部投入使用，而边缘系统则属于大脑的后期发展系统之一，我们不仅用这一系统来发展我们的情感世界，而且终其一生都在用它来储存和检索记忆内容。前额叶皮层也是这样，它影响决策过程、分析性思维、问题解决和情绪控制。

这些中心的完全成熟需要人的长期发育，需要到 20 岁甚至更大年龄。这意味着，我们不得不在大脑各系统发育成熟前过早地做出很多决定，如职业或伴侣的选择，而这些决定有可能在之后看来是错误的。

哈佛大学的神经科学家利娅·萨默维尔（Leah Somerville）博士甚至认为，我们大脑的某些部位直到 30 岁以后才会完全成熟。然而，法律定义年满 18 岁即为成年，却几乎从未考虑过这个事实。马尔堡菲利普大学的社会学家马丁·施罗德（Martin Schröder）甚至给出了"30 岁前不要结婚"的建议。

大脑的缓慢发育既有优点也有缺点。好处是，人类可以以最佳方式适应各自的生活环境，发展出确保自身生存的行为策略。遗憾的是，缓慢发育有其缺点，导致人们也适应了负面环境。

孩子一旦出生，与环境的沟通即刻开始，大脑的神经元结构也开始搭建，因此，认识到这一点非常重要。互动带来的体验在其中举足轻重。如果把电视机当保姆，只会造成被动"灌输"，不仅延迟感觉器官的发育，也会延迟运动技能的发展。

儿童应尽早体验环境

儿童的发展过程有一些关键或敏感的阶段，当处于这些阶段时，儿童可以快速地习得某些特定技能并持续发展。一旦错过了这些阶段，例如，由于生理上的缺陷导致儿童的视觉或听觉不能发挥最佳功能，那么以后就不可能发展出正常的模式识别能力，或者就不可能完整地掌握一种语言了。

这就是为什么儿童一出生就得练习识别和区分人类语音。只有能听得到的东西，才能用自己的语言器官模仿出来。此外，视觉缺陷也应该尽早被识别和纠正。

在生命中的头几年里，大脑的神经可塑性更强，如果正确利用，有望在大脑中留下积极的影响。音乐学习就是类似的例子，童年时获得的与音乐有关的经验越多，成年后的大脑跟音乐打交道时就越"事半功倍"。

儿童感知环境和获得经验的一个要点是与照顾者建立稳定的情感联系。儿童得到的保护和安全感越多，就越能无畏地探索环境。环境越多样化，儿童大脑的不同结构就越能更好地发育并相互连接。而这一切究竟是如何发生的，目前并没有被充分认识。其中的关键点是：由环境引发的表观遗传过程对婴儿出生后很快具备的初步神经网络进行了相应的调节。

环境越复杂，需要处理的刺激就越多，能力就越强。有些父母担心，太过繁多的刺激会让孩子应接不暇，其实这种担心是多余的。孩子自发地进行学习，不需要任何指导，知识就能在大脑神经网络中自动形成。例如，孩子完全能够独立认识到语言的运作方式，根本不需要任何老师。但孩子确实需要有人同他交谈。

然而，要是这些与孩子交谈的人本身有语言错误，孩子也会自动学会这些错误。例如，两个小女孩主要由祖母照顾，不幸的是，祖母有一颗牙齿松动了，这导致她说话时含糊不清，小女孩们偏偏学会了这种含糊不清的语言，因此刚入学时就遇到了麻烦，别人难以听懂她们说话。为了能够在课堂上表达自己，她们就需要进行额外的语言训练。

孩子的好奇心无须父母刻意唤起，它是源自天性的。重要的是，给他们提供获得各种体验的机会，好奇心会激发孩子自动自发地在环境中找到所需的经验。通过自动自发的活动获得的知识和理解，会给孩子带来幸福快乐。而孩子也会因此一再尝试新的学习任务，以便一次又一次地体验这种快乐的感觉。

● 知觉：决定了我们的全部需求

我们需求的根源，不在外部知觉里就在内部知觉里。当我们感到饥饿或口渴时，就会想吃点东西或喝点东西。可是，即使我们刚才还不饿，一旦闻到了食物的香味，饥饿感和进食欲望都会被激发。这里的因果关联是显而易见的：第一种情况是出于一种身体感知，第二种情况则是出于一种环境感知。

两者的结果相同：与食物有关的一切知觉都开始被增强。实验表明，当被试饥肠辘辘时，中性的图片更有可能被看作食物，而有关食物的概念也会被更快地识别。

然而，对于那些在演化过程中深深扎根在我们社会中的愿望，要追根究底则困难许多。人类的发迹史始于他们形成群体、相互合作和彼此交流。原则上，群体成员之间相互合作，是为了所有人的利益，但是竞争、对立和私利也逐渐出现了。在大多数文化中，这些群体的社会结构很早就等级分明了，平等主义从没过。基于群体成员之间能力、知识、表现、社会认可、财富的不同，同时也基于权力和暴力的存在，成员之间的差异从未消弭。

这可能就是为什么人在幼小的时候就开始同他人比较。而这种行为其实并不只限于人类，群居动物也是如此。实验室的猴子会非常密切地观察其他猴子完成任务后得到的是什么奖励。假如其他猴子得到的奖励更有吸引力，例如，是葡萄而不是面包，那么这些猴子会认为自己被歧视，从而拒绝继续合作。家里有两只猫的主人也会注意到，喂食时它们都会先看看另一只猫的碗里有什么，它们觉得搞不好另一只猫的更好。

心理学家约翰·巴奇（John Bargh）在他的《思考之前》（*Vor dem Denken*）一书中提到了他的两个女儿，她们坐在电视机前，每人得到一碗爆米花。姐姐的碗略大一些，妹妹的碗则稍小一些。小女儿只看了一眼碗的大小，就立刻开始尖叫以示抗议。哪怕她完全知道厨房里还有足够的爆米花，但是仅仅比较一下碗的大小，就足以产生不满。

我们在比较中找到自我

将自己与他人比较，比较彼此的身份、能力或财富等，是一些人找到自我和发展自我认知的最重要的行为方式之一。婴儿出生后的第一年年末，当他开始模仿其他孩子时，这种比较就已经开始了。到了青春期，大致在 12 ~ 25 岁，这种比较的倾向尤为显著。

年轻人在寻找自我时，他们的同龄人至关重要。阶层符号对此意义重大。别人有的，自己也要有。仿佛谁拥有最新款的智能手机，谁就能引领风潮。

根据社会环境和父母的收入，以及家庭所处的社区等条件的不同，不同的群体之间存在着相当大的差异。年轻人的榜样也有很大的不同。对一些人来说，他们的榜样是说唱歌手，对另一些人来说，他们的榜样可能是环保活动家，或者亿万财富继承人。

今天，社交媒体的影响力日趋增长。例如，推特（Twitter）这样的社交网络促使年轻人之间相互比较。2018 年的一项英国调查显示，这种比较总是会带来负面影响。互联网上展示的"完美身材"越来越多地只是修图程序的成果，而不是锻炼和健康饮食的结果。但是这些图像对关注者的自我价值感依然会产生负面影响。

在这项调查中的年轻女性中，经常上网的比那些几乎或完全不上网的同龄人对自己的身材更为不满。随着社交媒体被使用得越来越频繁，人们改变自己的面部、皮肤或头发的愿望也在增加。在 18 ~ 24 岁的深度用户中，有 70% 的人表示希望接受整形手术。当然，为各种产品宣传的潮流领袖也扮演着极为重要的角色，无论他们宣传的是什么产品——化妆品、衣服、手表，都是如此。

在选择职业时，年轻人往往跟随榜样人物，而这些榜样通常是他们在父母、亲戚或朋友圈子中找到的。而当前潮流也同样功不可没，因为年轻人本身还没有充分的自我意识和足够的生活经验。他们中的一些人想成为汽车机械师，因为他们希望，这样一来，不仅能很快拿到驾照，还能拥有一辆属于自己的汽车。还有一些人的职业愿望是成为教师，因为他们每天都能在学校看到他们的榜样。还有的人决定自己读哪类大学专业，以及去哪座城市上大学，因为他们的朋友也这样选了。

对出身于底层阶级的年轻人来说，选择职业在他们看来往往是社会阶层上升的机会，但他们往往无法通观各种选择的全貌。有些人想做"自媒体"，另一些人想当医生。只有少量年轻人会选择自立门户，除非他们出身于创业家族。很多年轻人尽可能拖延职业抉择。例如，他们读这样的专业——以后既可能当教师，也可能做记者。于是，是否属于某个细分人群，就在很大程度上决定了他们的职业愿望。而对另一些年轻人来说，尽快赚钱逃离父母的家，这个理由就足够了。

变得更多、拥有更多——这是关键

不过，即使青春期已过，这种与他人的比较和对榜样的模仿也并未随之停止，反而会持续下去，贯穿一生。不过到了这时候，和大家差不多以及适应相应的群体，不再是主旋律了，对很多人来说，更重要的是希望自己比别人好，哪怕稍微好一点点。人们从对差别的感知中产生了这样一种愿望，即不仅要缩小自己与别人之间的差距，而且要使自己占据更有利的地位。

来自康奈尔大学的经济学教授罗伯特·弗兰克（Robert Frank）对此开展了一项研究，研究中的被试被要求做出选择，要么你可以生活在一个你每年挣 10 万美元，其他人每年只挣 8.5 万美元的世界里，要么你可以有 11 万美元的年收入，而你的同伴则年入 20 万美元。同时，我们假设两个世界中 1 美元的购买力相同。大多数被试毫不犹豫地选择了第一种方案，哪怕他们得放弃 1 万美元的额外收入。对他们来说，在群体中获得更高的地位才是关键所在。

宾夕法尼亚大学的研究人员研究了已婚女性涌入劳动力市场的原因。研究发现，教育经历、平均工资、有机会在自己喜欢的行业中得到职位，这些因素都只是次要因素。与之相比重要得多的是：自己姐妹的丈夫比自己的丈夫挣得更多。如果这位妻子的就业能使其家庭收入有可能超过自己姐妹家的家庭收入，那么一位已婚女性重返职场的可能性会增加 25%。

随着可支配收入的增长，不满也会增加

旨在提升阶层的竞争，表现在相关的阶层符号上。这种竞争在家庭之间、在亲戚和朋友圈子中，以及在工作伙伴中表现得尤为明显。中产阶级往往以邻居拥有的东西为导向，如邻居家的电视机或汽车有多大。要是说到谁拥有圣诞节最大的圣诞树，那么这种竞赛通常会以圣诞树是否到达房顶而结束。要是说谁能在圣诞节烤上一只最大的火鸡，这要受限于烤箱的尺寸了。

要是你认为，这种竞争会随着收入的增长而逐渐弱化，那就大

错特错了。事实上，随着可支配收入的增长，不满也在增加。在富裕阶层和超级富豪那里，为阶层符号花的钱不可估量。位于世界各地的庄园、豪宅、私人飞机，当然还有每年只使用几天的豪华游艇，这些对提升主人的生活质量通常并无意义。中产阶级几乎不会拿比尔·盖茨（Bill Gates）或沃伦·巴菲特（Warren Buffett）的身家与自己比较，毕竟差距如鸿沟一般。

不过超级富豪还是带来了一种影响，这种影响一直触及社会的最底层。尽管榜样和模仿者之间的阶层差距通常微乎其微，嫉妒、贪婪和怨恨等情感却在他们身上如病毒般彼此传染。一旦邻居、亲戚、朋友或工作伙伴之间的阶层差距变得明显，而身在其中者又觉得这些差距本不该存在，那么其影响就会变得复杂而微妙了。

在一个荷兰的度假公园里，我们一眼就看出了这一点。这里每户的地基面积几乎都一样，一间间小房子都隶属统一的建筑风格。然后，有一位居民在他家的露台上摆放了一个巨大的豪华烧烤架。这个烧烤架大到根本无法被塞进工具间，而只能放在露台上，它几乎占了三分之一的面积。

购买和使用这种设备，很难说是理智的决策。然而，我们在夏天的度假季之初还只看到了这一台露台"巨兽"，到了度假季临近尾声时，附近几乎每家露台上都有了一台"可堪一战"的巨型设备。这么多烧烤架加起来，简直可以招待数百位客人了，可是大多数房屋住的都不过是一家俩娃。

引发我们欲望的事物通常是被遮蔽的

我们有愿望，凭此而形成短期或长期目标，这些目标最终使我们做出决定，并采取行动。是什么引发了我们的欲望呢？这往往是被遮蔽的，它取决于我们当时所处的情境或当时我们所想起的情境。愿望在大脑里，就像爆米花在热锅里炸开一样，它们突然从无意识中迸出，就出现在了那里。而且，正因为我们不知道是什么引发了它们，我们才会为这些愿望编织合理的理由，好让它们看起来能自圆其说。一个未经思考的"我想要，因为我就是想要"在我们看来既幼稚又不合情理。

我们的愿望可能有着彼此迥异的原因。

有时，几只宠物侏儒兔也能引发一场闹剧。一旦亲戚中有人为了满足孩子的强烈愿望，在花园里搭起了小棚子，养了几只侏儒兔，那么孩子的表兄弟姐妹可不会坐视不理，除非他们也抱上了侏儒兔，否则谁都别想安生。想要得到时可没人想过，之后还有许多活儿呢！很快，住在这些表兄弟姐妹家附近的孩子们也想要侏儒兔了，谁家现在还没安排上，就开始觉得有所亏欠。

当然，去度假的时候，这些兔子也得有人照顾。不过，如果你的邻居也养侏儒兔，你们倒是可以商量，调整各自的休假时间，这样就可以互相照顾对方的兔子了。可是，如果邻居们同时去度假，那就麻烦了。顺便说一句，不仅仅是兔子，景观鱼池里的观赏鱼也是如此。钓鱼的人有时会很吃惊地从公共水域中钓到观赏鱼。

拥有的意愿不仅影响着财富和阶层符号，甚至影响着生育计划。国家家庭研究所和班贝格大学人口学教授研究了社会关系和社交网络对生育决定的影响程度。这项研究的结论于 2020 年 1 月公布，结果表明，如果一个人的兄弟姐妹、同事生了孩子，那么其生孩子的可能性就相对更大。

通过这项研究，人们第一次证实了超出社交网络的所谓溢出效应。溢出效应是一种连锁反应。人们被他人的生育欲望所感染，反过来又影响其他人。相比之下，处于生育年龄的人，如果几乎从未见过他人生育，那么他们的生育可能性就相对更小。综合来看，可以说，怀孕是能"传染"的。

"YouGov 德国"有限公司在 2020 年 6 月进行了一项问卷调查，调查表明，新冠肺炎疫情以来，德国人对于奢侈品和消费的态度发生了变化。这主要影响了年轻人。像服饰或汽车这样的物品已经失去了重要性，旅行也是如此。相反，非物质的东西变得更重要了。给朋友和家人更多时间、发展个人爱好，以及获得稳定的工作岗位，这些在重要性排名上位于头部。很多人都打算过得更节俭，给自己买更多的保险。很明显，他们打算观望世界如何变化，以便更好地做出反应。

○ 神经可塑性：支持了我们的改变计划

美国政治学家弗朗西斯·福山（Francis Fukuyama）在 1992
年出版了他的代表作《历史的终结与最后的人》（*Das Ende der
Geschichte*）。这本书把历史演变的进程描述为一系列符合内在规律
的事件，这些事件的后果在不久的将来即会显现。

但我们低估了时间和未来变化的力量

在乔迪·阔伊德巴赫（Jordi Quoidbach）转而研究其他主题
之后，如果不是丹尼尔·吉尔伯特（Daniel Gilbert）在 2014 年的
TED^① 大会上发表了题为"未来的你的自我心理学"的演讲，关于
历史终结的错觉的研究就几乎被遗忘了。TED 是技术、娱乐和设
计的缩写。自 1984 年成立以来，这一创意大会的主题越来越开放。
根据"思想，值得传播"这一座右铭，从 2006 年春季开始，在

① TED 是 Technology，Entertainment，Design 在英语中的缩写，分别代表技术、娱乐、
设计，是美国的一家私有、非营利机构，该机构以 TED 大会著称。

TED 大会上所做的报告都在 TED 网站上向大众公开。

通过关于未来自我心理的演讲，吉尔伯特再次将这项研究带入了更广泛的公众意识中。至今已经有超过 650 万观众在互联网上观看了他的演讲。这一演讲的核心信息是，我们在人生的每一个阶段做出的决定，都能极大地影响我们未来的生活。

如果我们回顾过去，也许会后悔做出某些决定，因为我们现在的态度已经改变。年轻时花了大价钱文身的人，在以后的日子里，可能会投入更多的钱去除文身。那些想和伴侣共度一生因而早早步入婚姻的人，后来可能会以离婚收场。

吉尔伯特认为，我们从根本上误判了时间的力量和未来将要发生的变化。我们假定，目前我们每个人都已经达到了个人发展的终点及我们历史的终点。我们认为，我们现在已经成为我们一直应该成为或想要成为的人，然后我们将永远保持下去。不管我们现在是18 岁还是 68 岁，都是如此。

心理学家在他们的研究中曾经询问了 19 000 多人，去了解他们的个性、价值观、喜好及基本态度在过去十年中如何变化。然后，研究人员询问，他们觉得自己未来十年会发生什么变化。他们不仅被问到自我认知和价值观，还被问到最好的朋友、最喜欢的度假地、最喜欢的活动和最喜欢的音乐类型等。

现在，是时候把这份对现状的总结与十年前的描述相比较了。

参与研究的被试当时也被要求描述自己认为今后十年会发生什么变化。对比一下，他们的朋友圈没有变化吗？会继续去同一个度假地，继续听十年前的音乐吗？事实证明，至少在年轻人那里，过去十年的变化还是比较剧烈的，未来发展的稳定性被高估了。

吉尔伯特得出的结论是，对人类而言，想象将会发生什么是很困难的，而我们也认为难以想象的事物就不可能出现。所以他的诊断结论就是人类缺乏想象力。在他看来，时间是最伟大的力量，它改变了我们的个性、价值观和喜好。不过，我们只有在回顾往昔的时候才会发现这一点。

休闲活动和恐惧是如何改变的

有两个很好的例子可以说明过去的变化有多大，以及我们现在的情况又如何，这两个例子分别是未来问题基金会对德国休闲行为的研究和 R+V 保险公司对德国人的恐惧的研究。这两项研究已经运转多年。我们分别选取了 2010 年和 2020 年的研究进行了对比。

2020 年，被德国人提名最频繁的休闲活动，在提名率排名前 15 的活动里，96% 的人提名上网，86% 的人提名看电视。2010 年，看电视以 97% 的提名率处于榜首，排名第 2 位的是在家打电话，提名率为 91%。2020 年，打电话的提名率已经滑到了第 12 位，只有 61% 的人还认为打电话是一种休闲活动。2010 年，听收音机还排在第 3 位，占 89%，而到了 2020 年，83% 的人忙着使用计算机，收听收音机广播已经下降到第六位，占 75%。

阅读报纸杂志及与家人共度时光，已经从 2010 年的 15 大休闲活动的排行榜上完全消失了。相反，到 2020 年，阅读和写私人电子邮件从第 14 位上升到了第 4 位，用智能手机玩游戏、上网或聊天则进入榜单，位列第 7。另外，用手机打电话已经完全退出了休闲活动榜单。

我们可以认为，2010 年的德国公民不会预见这些变化。在未来，今天的休闲活动是否会发生同样大的变化，还有待观察。显然，休闲活动一方面受到技术发展的极大推动，另一方面也受到设备价格下跌的推动。结果就是，人们之间的信息收集和交流越来越多地转移到媒体领域，这也影响到信息的处理。

在考察德国人的恐惧时，以下结果尤为引人注目：在 2010 年德国公民的恐惧名单中，排在首位的是对生活费用上涨的担忧，占 68%；紧随其后的是对经济下滑的恐惧，占 67%。这些居高不下的数值显然是由发生在 2009 年的欧元危机造成的。对经济衰退的恐惧在 2019 年下降到 35%。伴随着 2020 年的新冠肺炎疫情，这一数字又上升到 48%。

2010 年，在欧元危机背景下，德国人对政治人物力有不逮的担忧达到了 62% 的峰值。在 2015 年的难民危机后，这一数值甚至高达 65%，然后在 2020 年下降到 40%。

2020 年，人们对生活成本不断上涨的恐惧仍占 51%，在所有被问及的恐惧中排名第 2 位。对欧盟债务危机成本的担忧，在 2020 年以 49% 位居第 3，这在 2010 年的时候无人意识到。

对自然灾害和极端天气事件增加的担忧在 2010 年达到了新的高度，占 64%。到 2020 年，这一数字则下降到 44%。

如果我们观察让德国人最恐惧的 22 种议题，很特别的一点是，排名前 15 的议题都超出了个人控制的范围。可能正是因此，它们才让人如此担忧，因为人们只能任凭摆布，毫无办法。一直到排在第 16 位的有关生活水平会随着年龄的增长而下降的担忧，才是受个人行为影响的，占 32%。类似的还有以 25% 的提名率排在第 18 位的失业。

在 14 ~ 19 岁的人群中，气候变化和对自然灾害或极端天气的恐惧分别占据第 2 位和第 3 位。这些都是全球性的问题。

不过，对 20 ~ 59 岁的人来说，生活成本的上涨和经济状况的恶化更令人忧虑。但这些恐惧从本质上来说可能比较短期。很明显，它们更会影响当前的生活质量，因此比那些可能发生在未来的全球性事件更容易被优先关注。60 岁及以上年龄组最大的恐惧一方面是纳税人因欧盟债务危机而付出的代价，另一方面是担心年老时健康恶化必须接受护理，这些忧虑的提名率有 57%。担心年老后需要护理倒是颇有根据，毕竟人们的预期寿命不断提高，但相比之下，对欧盟债务危机给纳税人带来的代价的恐惧似乎更多来自记忆，因为 2011 年至 2015 年期间，这种恐惧位居榜首。

休闲活动总是符合人们当前的愿望，与此相比，恐惧却总是指向未来，即使其根源深植于过去。两者的共同之处是，它们都受到榜样们的极大影响。

我们有机会进一步发展自我

丹尼尔·吉尔伯特认为，在大多数人眼中，现在显然是一个神奇的时间点，所有的改变已经发生或已被预言。但是，根据吉尔伯特的说法，人是未完成的作品，却错误地认为自己是成品。所以请记住，现在你之为人，就和你曾经之为人一样，短暂、临时、转瞬而逝，而你生命中唯一的常数就是改变。

从根本上来说，对于历史已终结的错觉，不必给予消极评价。因为它阐述了每个人都有机会通过感知来发展自我，并把旧的自我抛在身后。此外，卡尔·弗里斯顿的自由能量原理也能很好地解释这一点。

弗里斯顿提出该原理是基于这样的观点：大脑基于过往的经验对周边环境形成某种看法（内部模型）。然后，大脑根据传入的感官数据来验证这一内部模型正确与否。如果现有的假设和输入的信息之间出现差异，那么要么修正现有的假设，要么责怪感官知觉。从这层意义上来讲，大脑一直忙于设计最合理的未来图像。

在这个过程中，大脑会调整内部模型，使预测误差减少。这一过程被称为"预测编码"，这是一个几乎没法翻译的术语，指的是对预测性的解释。弗里斯顿使用"编码"一词是因为脑细胞本身也在编码某些信息。

大脑在工作时，最根本的原则是尽可能降低能耗。这就是为什么弗里斯顿在预测编码的基础上，又提出了自由能量原理。这一原理指出，所有想要生存的生物都必须抵制熵增（无序和解体）的自然趋势。要达成这一目标，关键是保持内部结构稳定并尽可能避免意外。大脑试图建立复杂的解释模型，使环境可以被预测。为此它调用所有感官，以复杂的方式让它们协同合作。

到目前为止，自由能量原理主要在人体运动控制中得到证明，但科学家们认为，更高级的进程也是按照同样的原理运行的。如果感知和期待不和谐，出现了错误的数据，人们就能从中得出最佳结论以进行必要的改变。感知与大脑的预测相结合，是一个永远的学习过程。弗里斯顿说过："让我看看你的大脑，我来告诉你，你居住在什么样的宇宙。"

你知道吗？大脑中的连接描述的是个人的经验世界。在这里，举足轻重的不是单个知觉，而是它们之间的联系和整合。大脑的各个区域不断相互接触、交流，内在模型的各个构件也在交换它们的预测。在神经科学家鲁道夫·利纳斯（Rodolfo Llinás）看来，人类的"自我"就是协调有机体所有预测的中心机构。基本上，今天人们认为关于大脑本质的最好的描述是：它具备一种预测能力，可与环境交互作用，并具备网络特性，因为大脑具有神经可塑性。

神经可塑性是变化的基础

　　长期以来，人们普遍认为成年人的大脑的精细结构和不同功能在特定区域的分布方面是不变的。就像计算机，可以安装新的程序，但它的结构和功能都不会改变。迈克尔·梅泽尼奇（Michael Merzenich）在 20 世纪 80 年代中期对成年猴子进行了一项实验，实验发现，猴子的大脑皮层确实可以通过在一定程度上移动大脑区域的边界来重组。

　　今天，神经可塑性概念包括了大脑中所有的有机变化。该术语不同于所谓的神经发生的概念。神经发生指的是新神经细胞的形成，而神经可塑性是关于新突触的产生和对现有连接的强化的概念，它改变了神经元的传输性能。众所周知，儿童的大脑有很高的神经可塑性，但是成年人的大脑究竟有多灵活，或者说可能有多灵活，现在还不清楚。

　　加拿大神经学医生诺曼·多伊奇（Norman Doidge）说，大自然给了我们一个能在不断变化的环境中生存下来的大脑结构，因为它自己也会改变。通过练习和学习，大脑不断适应新的需求，使我们能够在复杂的环境中生存。

从本质上来看，大脑被设计成一个中心单元，全面控制所有功能。没有什么明确的任务划分是无法改变的。一旦某个感官知觉不能胜任，大脑就会进行重组。例如，失明者的视力中心接管了听觉或触觉的功能，使其能够阅读盲文。

只需短短几秒，现有突触就会因新的刺激而增强，几小时之后，新的突触也会出现。蒙上健全的人的眼睛并教他们盲文的实验证明，大脑可以在很短的时间内重新进行深刻的定位。仅在两天之后，视觉皮层的神经细胞就对触觉做出了反应。当某些刺激缺失时，神经细胞会寻找新的功能。这也是为什么你必须反复训练，才能改善感知力，并朝着特定方面加以引导。

神经可塑性不仅是对大脑这个"黑匣子"的输入，它也指输出。正因如此，科学家们这些年来一直在研究认知与运动之间的关系。"形成大脑就是为了实现运动。无论我们想什么或做什么，最后的结果都是运动。"德国德累斯顿神经退行性疾病中心的格尔德·肯珀曼（Gerd Kempermann）教授说："连语言也是通过运动产生的。"认知与运动之间的这种与进化相关的紧密耦合为大脑的适应性提供了基础，使大脑能处理大量的经验并使人拥有主动运动的能力，进而从中获益。

肯珀曼说："在野外的活动和不断扩大的运动半径都会向我们祖先的大脑发出信号，提示他们会出现未知情况，并有必要采取行动，而这些行动并非在之前就牢牢地被固定在行为习惯中。"在进化过程中，认知和运动其实是相互关联的，但如今却在很大程度上脱钩了。我们整天坐在办公桌前一动不动，进行脑力工作。就算还有什么运动，那也是在闲暇时间罢了。

综合来看，虽然我们的大脑在解剖结构上仍与 13 万年前的狩猎者和采集者大致相同，但是它们对外部世界的内部表征已经大相径庭。尽管我们的思维方式与我们的祖先别无二致，但思考的内容已经截然不同。认为可以把一个远古时代的成年人毫无困难地放在当代，无疑是错误的。

连他的大脑的神经可塑性也爱莫能助，因为我们不可能为他设计一个当今世界的模型作为参考，帮助他免受焦虑症或抑郁症之困扰。我们根本无法想象，自打我们出生，有多少经验在不知不觉中被储存到了大脑中，并不断地改变，使我们适应了现实。只有通过我们对环境的感知和我们对自己行为的感知，我们才能找到探索世界和了解自己的钥匙。

本章关键点

☆ 我们周围环境中的一切都影响着我们的情绪、我们的决定和我们的行为。任何信息，一旦我们觉得重要，就会被储存到记忆中。具身化理论证实，我们的决定和行为，以及我们的思维和感受，都与感觉－运动经验密不可分。有意识的动作和姿势，甚至我们自身完全没有意识到的动作和姿势，都影响和引导着我们对自己和他人的感受与评价。

☆ 我们所感知到的，以及我们如何解释这种感知，取决于我们的个性、愿望、感觉、生活环境和期待。在所有这些单独的组成部分中，我们还构建出了我们所认知的自我。姿势和面部表情都可以影响我们的自我感受和对自己的看法，换言之，激活肌肉也可以使人产生某种情绪，并影响他的判断。身体感受也会影响我们对他人性格的评价。

☆ 外部世界不断影响着我们的体验。媒体和互联网对此的作用与日俱增。新的智能肢体动作为我们的感官带来信息，对于这种信息，我们需要一种重要的敏感度。这种敏感度必须加以训练，只有这样，我们才能从各种隐喻、手势、表面信息和其他感知带来的无意识影响中摆脱出来。虽说大脑有分门别类的处理中心来处理各种感知，但是在所有感官上对整个大脑加以训练，依然非常重要。因为各种感官协同合作的程度比我们通常认为的还要高。

☆ 知觉塑造了我们对自我的全部认识。对环境的感知早在我们出生前就影响了我们。认知过程的基础形成于生命的头四年。这段时间获得的能力，将使我们终身受益。

☆ 对外部和内部的感知，决定了我们的全部需求。有些欲望伴随着进化过程被深深地植入我们的社会中，于是人类很早就学会了将自己与他人进行比较，通过这种比较，我们找到了自己的身份定位。

☆ 新的、被改变了的认知，决定了我们未来的样子。然而，我们低估了时间的力量和未来变化的可能性，屈服于"历史终结的错觉"，错误地认为我们的个人发展和我们的历史都在当下达到了终结，并认为未来不会再有什么变化。事实上，每个人都有机会通过感知来发展自我，并把旧的自我抛在身后。

☆ 今天，人们认为关于大脑本质的最好的描述是：它具备一种预测能力，可与环境进行交互作用，并具备网络特性，因为大脑具有神经可塑性。长期以来，人们普遍认为成年人的大脑的精细结构和不同功能在特定区域的分布方面是不变的。

☆ 神经可塑性概念包括了大脑中所有的有机变化。从狭义上来讲，神经可塑性指的是新突触的产生和对现有连接的强化，改变了神经元的传输性能。从本质上来看，大脑被设计成一个中心单元，全面控制所有功能。没有什么明确的任务划分是无法被改变的。一旦某个感官知觉不能胜任，大脑就会进行重组。

人的大脑是由环境塑造的。它发展到目前的形式，以存储复杂的信息，感知环境的变化，并通过决策和行动加以反应。罗伯特·莱文（Robert Levine）在他的《巨大诱惑》（*Die große Verführung*）一书中列出了我们在生活中必须处理的约千亿个环境印象。每一秒我们都在感知成千上万的信息，它们抢夺着我们的注意力。

02
CHAPTER

第 2 章

感官知觉不是对现实的真实反映，而是想法"修正液"和行为"助推器"

我们的感知器官中的受体是一些感知细胞，它们对具体的物理或化学刺激敏感。它们将这种刺激转化为很小的电脉冲。每个受体都与神经纤维相连，神经纤维仿佛一根"电线"，把接收到的刺激传递给大脑。在那里，这些刺激被分类、分析和处理。于是，我们对世界的想法就产生了。大脑中的所有感知系统都共享一张基本施工图纸。

人们具有五种以上的感官，这已经是科学共识。但是不能成为共识的是，应该如何定义和描述它们。对于看、听、闻和品尝时大脑如何运转，人们基本上都没什么异议。负责看的受体在眼睛的视网膜中，负责听的受体在内耳，负责闻的受体在鼻子内，负责品尝的受体在舌头上。对视觉感知来说，眼睛对光线做出反应。对听觉而言，耳朵把声波转化为感官刺激。闻和品尝则是化学因子对受体起作用。

说到触觉就更加复杂了。它分为两组感官，每组感官都有三个不同的感知区域。只有触摸系统的受体分布在全身，并可以同时服务于环境感知和身体感知。

对疼痛的感知也是身体感知的一部分。在皮肤上，压力、触摸、振动和拉伸都可以通过力受体感知，温度则仰仗温度受体。除了这些触觉感官外，还有位置感官，它被我们用于感受关节的姿态，力量感官被我们用于感受肌肉和肌腱的紧张程度，运动感官（动觉感知）告知我们目前是坐着、站立、跑步还是平躺。这三种感官又和平衡感官（前庭感知）通力合作，若非如此，我们几乎无法直立。对内部器官及其活动的感知，则是通过内脏受体及肠受体感受的。

时间感知不被算作感知范畴，它负责控制大脑的不同工作进程。严格来讲，免疫系统也不被看作感知器官，它可以检测到体内的异物和病原体。总体上与思考和感觉相关的，算作内容感知感官。语言和词语意义感知帮助我们理解世界，思想感知向我们解释生活，共情感知帮助我们理解他人。

如果我们现在向自己演示不同感官对我们所意识到的感知都有什么意义，那么我们就会察觉，嗅觉完全没有参与。

听觉传达 20%，视觉传达 30%，这两者加起来传达了在我们大脑中处理的 50% 的信息。如果我们自己说些什么话，那么所说的就占到 70%。如果我们自己做了什么事，它能获取 90% 的重要度。如果我们写下或抄写文本，这可是最复杂的感知形式。我们动手做某事，我们看到我们所做的，无意识中我们还伴随着写的动作"说"着这些内容，从而也"听"到了它。当纸张和墨水散发出气味时，所有的感官，甚至味觉都参与其中。

你能想象成为一个没有身体的人吗？有些人将此与濒死体验联系起来，例如，他们感到自己离开身体，飘浮在空中，从上方观看手术团队的工作。他们能清晰地看到正在发生的事情，听到正在说的话。这些感觉印象是如何产生的，目前还没有被完全搞清楚，神经科学家们仍在研究。然而，大脑刺激已经可以使人产生离开自己身体的感受了。

不过，事实上，这个没有实体的精神并不在一个空洞的虚无中，它也有一个能供它感知的环境。即使有人认为他们看到了光并走了过去，这仍然是一种感官上的感知。这也有可能是幻觉，但总有一个环境可供感知、可供思考。

人类有可能对死亡进行抽象的想象：我们不再有任何感觉，身边没有任何东西，我们不再能感知我们的身体，也不能思考。但这只是一个抽象的思维模式，而不是生活，因为环境、感知和思维是不断互动的。我们周遭总会有点什么，我们没法不思考或不觉察。这也适用于闭锁综合征患者。他们可以听和理解周边环境的所有内容，但不能表达。

○ 感知等级：不同文化决定了不同的感知层级

一般而言，视觉对清醒感知来说是最重要的感官。一旦我们看到，我们就能轻松描写，能用语言总结，这比描述气味容易得多。如何对已知的感官感知进行抽象化和交流，是由文化所决定的。也就是说，在不同的文化中，感官的层级高低顺序并不一致。来自奈梅亨市的心理语言学马普研究所的阿西法·马希德（Asifa Majid）与其他学者一起，在全球范围内研究了感知与语言之间的联系，即描述特定感官感受的能力。

研究人员对 20 名被试进行了实验，他们来自不同的文化和语言群体，包括作为狩猎者和采集者生活的原始民族，还有来自高度工业化社会的人们。参与实验的被试最初收到了一系列标准化的感官印象：画着不同形状和颜色的、用以考察视觉感受的图片；味觉品尝；具有不同的音高、音色和节奏的听觉序列；质地粗糙或光滑的、用以触摸的物料。然后要求他们描述他们的感官印象。

实验的重点是观察在不同文化中是否有固定的概念描述特定的感知，还是这种感官印象需要被转换改写。被试常常很难用语言描述出自己感受到的内容。鉴于视觉媒体的主导地位，在讲英语的文化中视觉感官的重要性首屈一指也就没什么好吃惊的了。

紧随其后的是听觉、味觉、触觉，最后是嗅觉。相比之下，伊朗人和老挝人，他们语言中最根深蒂固的是味觉。

在马里和加纳，有两个语言群体，触觉在他们的语言处理中起主导作用。嗅觉是最基础和最古老的感官之一，因为它与情感和情感记忆密切相关，在所有文化中，它都是最难通过交流传达的，这就是嗅觉被称为"哑巴感官"的原因。然而，澳大利亚的原住民则是个例外，他们的语言在表达嗅觉印象时胜过了表达其他所有感官印象。与西方的"眼睛人"相反，他们可以被称作"鼻子人"了。

描述感官印象的不同能力也与传统和文化资产有关。在生产绘图陶瓷器的地方，视觉就更重要。如果该文化具有强大的音乐传统，那么声学感觉刺激就表达得更好。

只有狩猎者和采集者文化更加依仗气味。这可能是因为被狩猎的动物会避免自己被看到或听到。而通过气味来提前识别可食用植物也是最容易的。西方人比较依赖视觉印象，如果进入自然界，这种依赖视觉印象的特质有时会带来悲惨的后果。许多采蘑菇的人分不清剧毒的鹅膏菌和无害美味的伞菌。当然，其他蘑菇种类也是一样。

➲ 环境感知：外部现实的基石

视觉：我们不期望的，就看不见

无需更多证据，单看看大脑为处理特定感官感知提供了多少空间，就能看出我们对环境的想法是如何在头脑中被拼凑起来的。光是处理视觉刺激，我们就需要 60% 的大脑皮层。显然，通过眼睛感知到的事物被赋予了非常特殊的意义，也相应地得到了很多关注。这也意味着，相应的处理效能已经就位。

大脑中有各种中心，其中一些是高度专业化的。我们对周边环境的想法的各种构成元素，都要先被这些中心拼凑，再与传入的信号进行比较。构成内部画面的一切首先都由这些中心拆解，这些中心分别负责拆解色彩、明度和形状，以及负责拆解空间深度或运动模式。

长期以来，人们认为单个神经元或较小的神经元簇不可能负责识别非常具体的人。而现在我们知道，有一些神经元甚至只有出现某个具体的脸部特征时才会被启动。2005 年，这些神经元首先被鉴定出来并被命名为祖母神经元，因为它们只有在识别某个面孔时才有反应，例如，在照片中或一群人中的祖母。由于还使用了著名演员的面孔照片进行实验，因此祖母神经元也被称为"哈莉·贝瑞神经元"（Halle-Berry-Neuron）。今天，我们知道，尽管大脑有数十亿个神经细胞，但大脑还是尽量节能，并为重要的事物或重要的人物提供特殊的识别单位。

科学家对癫痫患者进行了实验，他们将电极植入患者的大脑中，以便获取关于癫痫发病原因的更多精确信息。然而，这些细胞不仅对视觉印象有反应，对相应人的书面或口头姓名也有反应，只不过强度较小。人们推测，多种神经细胞共同构建出概念，画面或词汇刺激的是概念中的某些关联，因此这些神经元现在被称作"概念神经元"。

我们的大脑对周围环境有一个成型的想法，可是这个想法却并不总是与我们的感知相吻合。另一个现象也证明了这一点，那就是我们只能将注意力集中在我们全部感知的某个部分上。不同实验都证明了这一点。

例如，在科隆大教堂广场上有一个人，他看起来很熟悉科隆的环境。一位游客跟他搭话，向他打听去某博物馆的路。正当他试着向游客解释时，有两个人扛着一块大木板，突然挤到了他们之间。与此同时，还有另一位游客藏在木板后，他的外貌打扮与第一位游客大不相同。他站到第一位游客刚刚站的位置，而第一位游客则跟着扛木板的人一起离开了。这个忙着解释路线的人继续他的描述，根本没注意到他的谈话对象已经变了。**大脑忙着解释，就认识不到变化。**

另一个涉及了盲目性的实验是大猩猩实验。教授给学生们看了一场篮球比赛的视频，要求他们计算其中一队的队员们互相传球的频率，并尽可能准确地说出传球次数。于是学生们聚精会神地坐在屏幕前观看视频。比赛进行中，场上突然出现了一个穿着大猩猩服装的男人，他用双手敲打自己的胸口，然后离开了场地。

几乎没有学生注意到这只"大猩猩"。他们的大脑必须决定什么不重要，什么重要，即计算传球次数才是重要的任务。根据自由能量原理，大脑倾向于用最合理的方式解释现实，并节能运转。当你知道一个普通人能够感知 100 万种不同的色调，并必须在大脑中识别、存储和编辑它们时，你就会明白大脑这种运作方式有多必要了。

我们的视觉感知系统存在不足，一个普遍的例子就是视错觉。它的产生是因为大脑错误解读了所传入的刺激。据推测，在进化的过程中，某些识别模式已经在大脑中固化了，为错误、扭曲的认知提供了基础。但是，这与自我影响无关。

听觉：沉默的声音是什么样的

人类的听觉自出生以前就已经形成，发育到第 28 孕周就完成了。胎儿不仅感知到母亲身体的背景音，如她的心跳、呼吸和肠道噪声，而且还能感知到来自外部的声音。从怀孕的第 7 个月开始，胎儿就能对外部声刺激做出反应。听力感知通过复杂的系统传递，从耳郭、耳膜到听小骨，然后引起听觉毛的振动，并转化为电脉冲。

听觉系统最初不仅被用于识别危险的声音，还被用于空间定位。后来，又增加了新的功能，例如，通过声音印象评价和控制情感，以及借助语音进行交流。由于听觉系统必须应付这些复杂的任务，即使人们在睡觉时，它仍然是清醒的。

一般来说，有必要区分无结构的响声和声音。声音总是在膜片、弦和声带开始振动时产生的，并只产生一些相互之间有明确结构关系的频率。人们推测最早的声音是为了确保母亲与孩子之间的联系，即使没有直接的身体接触，在相互间有一定距离时也能如此。

大脑中的节奏进程是语言的基础，也是音乐的基础。声音变成了音节、单词和句子，也就是我们可以感知到的口语。只不过语言主要面向认知领域，而音乐在最广泛的意义上为情感服务。对于声音的感知，大脑同样遵循预测原则工作，并试图避免意外。在说话时，我们常常在对方一个句子还没说完时，就已经在思想上意识到了对方想表达什么。在感受音乐时，我们也对尚未到来的音调保有预期。在真正听到这些音调之前，它们已经在我们的头脑中回响了。

用音乐进行有效沟通

音乐影响着我们的情感，唤起我们的记忆，甚至对我们的运动技能产生影响，这已经是一种日常经验。过去人们认为，对音乐的感受和反应与特定的文化环境息息相关。这种观点现在已经有所改变。

诚然，一个人的个人经历和个人审美也会影响他对某些音乐作品的情感反应。然而，研究表明，音乐可以唤起所有人相同的情感，如快乐、悲伤、幸福，甚至愤怒和恐惧，无论他们的个人经历如何。因此，音乐是人类非语言交流的一种形式。在婴儿期，音乐与接触、手势和面部表情一起，成为父母与孩子沟通的桥梁。

令人惊讶的是，专业音乐人士和业余爱好者对特定音乐作品的反应也颇为类似。可以得出结论：我们以非常相似的方式感知音乐传达的情感，这种感知与个人的听觉情况和个人经验都无关联，并会在较长的生活时间内保持一致。即使对应的音乐片段只有 1 秒，音乐传达的情感也会被记录下来。与面部表情一样，人们也会记录下音乐中最微小和最微妙的变化。要想激起人们的反应，并不总是需要伴随鼓点的恢宏交响乐。

当你演奏音乐时，短期记忆和期望发挥了主要作用。对音乐信息的接收、处理和储存，通常发生在大脑的左右两个颞叶。不同大脑区域都参与了对音乐感知和制作过程的认知处理。同时，音乐的情感坐标系统也已存在。小调为人们提供负面的情绪价值，大调为人们提供正面的情绪价值。但起作用的不仅是调性，还有节奏。小调的慢音乐唤起悲伤，大调的慢音乐唤起平衡。如果音乐在小调中演奏得更快，就会唤起愤怒和恐惧。如果在大调中快速演奏音乐，快乐就产生了。这方面的效果，单从曲谱上就可以预测出来。比起识别出一段音乐，我们只需要更少的信息来从情感上判断它。可以说，对音乐做出情感反应的能力在我们的大脑中已经根深蒂固。

与语言一样，对音乐表达的理解和感受也是一个认知过程。然而，音乐的最初意义可能是为了促进群体内的社会凝聚力，并使人们的情感同步。而这一点直到今天都没有改变。

音乐可以被描述为一种情感的声学交流。它激活了大脑的奖励系统，因为它比语言更直接地通过边缘系统进入大脑，而语言必须首先在内容上进行解码。尽管如此，人们对音乐的感受依然非常私人化。音乐欣赏经验、音乐品味和积累的音乐知识都发挥着作用。

节奏作为音乐的基本元素，能够起到协同人类群体的作用。我们知道，在许多类型的工作中，节奏都被用作同步化的手段，直到今天也是如此。无论是在大海中扬帆远航、在盖房子时钉钉子，还是在农耕时手工脱粒，许多活动都伴随着歌唱。

音乐也能够让我们进入恍惚状态，在恍惚中，我们对时间的感知与对自我的认知都悄然发生了变化。今天，音乐被用在许多方面来影响我们的情感体验。没有音乐，星战电影无法想象，一些惊悚剧也不复存在。与音乐相结合的变动画面是歌剧的基础。在无声电影中，管弦乐队或唱片机是调动观众情感的不可或缺的手段。

在医院的手术室里，音乐的作用是让我们平静下来。在餐馆里，它是环境感知的一个组成部分，希腊小酒馆里的音乐与亚洲餐厅里的音乐完全不同。在超市和购物中心，特殊的背景音乐营造出一种购物氛围。音乐的使用如此普遍，以至于我们常常不再注意到它，除非是在打电话，电话占线而我们完全听不下去那恼人的音乐声。不过音乐也可以提供安慰，例如，在新奥尔良的葬礼游行中播放的音乐。

音乐疗法在世界许多国家的医疗系统中都地位稳固。它被用来减轻患者的焦虑和压力，甚至可以减轻疼痛。音乐也可以被用来唤醒记忆和感觉，积极支持运动过程。心理学家艾伦·兰格（Ellen Langer）在她研究老年人的工作中发现，音乐甚至具有恢复活力的作用。来自老年人童年和青年时期的歌曲，能够重新激活他们的活力。这就是音乐在养老院也被用作 "兴奋剂" 的原因。

人需要寂静

如果有人想知道什么是寂静及在哪里可以找到它，那就不得不提到戈登·汉普顿（Gordon Hempton）。我们很难确切定义他做的事情。有人按他的公司名字称他为 "声音追踪者"，还有人称他为 "声音研究员" 或 "声学生态学家"，又或者 "自然声音收集者"。在完成他的植物学学业后，他于 1981 年开始在世界各地收集自然声音，并在各种媒体上销售。同时，他为博物馆、电影制作公司，以及音乐家提供声音，并为声音的制作提供建议。

汉普顿说，你可以感受到寂静。有时，你也会以振动的形式感受它。寂静有两种形式，一种是没有声响，另一种是没有人造噪声。寂静和安静这两个词经常被当作同义词使用，但从狭义上来讲，寂静是一种感受，而安静是一种状态。

世界上最寂静的地方是被这样定义的：日出前 15 分钟听不到任何声响。这些地方包括南极洲、卡拉哈里沙漠的某些地方、加拿大的草原国家公园和美国华盛顿州的霍氏雨林。据说世界上最安静的地方是夏威夷毛伊岛的哈雷阿卡拉火山口，在这个火山口中，空气寒冷而干燥，地面被火山灰覆盖，吸收了额外的声音。在欧洲，最安静的地方是冰岛的西峡湾。在那里，每 10 平方千米只有 3 人居住。在德国，平均每平方千米有 232 人居住，但仍然有安静的地方，如希登塞岛或黑森州的罗恩。

根据吉尼斯世界纪录，世界上最安静的封闭空间是美国明尼苏达州的奥菲尔德实验室。那里建造了一个可以吸收 99.99% 噪声的腔室。墙壁由 1 米厚的玻璃纤维制成，地板是充填的软垫，人每走一步都会软软地陷入。你只能通过两个装甲门进入这个吸音室。希望改善产品声音的公司会使用它，特别是摩托车或洗衣机的制造商。美国国家航空航天局也为宇航员提供了类似结构的房间，以便他们能够适应太空中的无限寂静。

在这样的吸音室里，你听不到任何外界的声音，但可以听到自己的呼吸，自己的血液流动，自己的心跳和来自自己胃部的声音。人不可能在这种沉默中停留很久。吸音室的发明者和设计者史蒂夫・奥菲尔德（Steve Orfield）能停留 30 分钟，没有人能停留超过 45 分钟。大多数人很快就会产生幻觉，并不得不迅速回到那个充满噪声的世界。

然而，寂静作为噪声的反面，对人类的健康状况有许多积极影响。根据世卫组织 2011 年的一项研究，噪声污染已成为现代社会最大的健康危害之一。噪声会导致压力，从而加剧倦怠综合征、心脏病、中风、偏头痛、消化系统疾病、背痛和抑郁症。

寂静是噪声的有效解药。它的作用就像大脑的假期。它能抑制压力激素的释放，使我们不会一直处于某种警戒状态。我通常只有在身体处于休息状态时，才会察觉到寂静。寂静时，大脑会自动切换到默认模式网络（指大脑没有具体任务需要处理时的静体状态）。

这样会促进创造力和自我反省，许多问题在这种状态下可以得到更好的解决。据说，寂静甚至可以促进成年人的神经生成。但我们在哪里可以找到寂静呢？并不是每个房子或公寓都会安排一个房间，既没有来自外部的噪声，也没有来自电器的噪声。

通过所谓的森林浴，越来越多的人在大自然中找到了静谧。但是，在森林深处，即使那里真的很安静，你可能也会听到飞机的声音。当然，在森林中，许多感官印象汇集在一起，对我们的幸福感会有积极的影响。

ASMR，安静声音的力量

ASMR 是自主感觉经络反应（Autonomous Sensory Meridian Response）的缩写，描述了身体对声音和视觉刺激的反应。这个词在德语中没有翻译。它是由珍妮弗·艾伦（Jennifer Allen）在 2010 年 2 月率先使用的，此前，"稳定健康"网站的一名用户在 2007 年 10 月 29 日的帖子中描述了他的这种感受。现在，YouTube 上每天都有大约 500 个新的视频，据说可以触发 ASMR。

这是如何运作的？那些对 ASMR 产生反应的人描述了一种愉快的扎刺感，这种感觉从头部通过颈部和脊柱在体内扩散。这种扎刺的感觉被称为"刺"。所谓的"触发扳机"是精细的声音，通常与视觉刺激相结合。

例如，窃窃私语：年轻女性通常以非常轻柔的语气说一段文字。这可以是一个预先读过的故事，尽管人们不一定要听懂它（听不清的低语）。甚至可以用一种外语或想象中的语言非常轻声地说着什么（无法理解的低语）。触发 ASMR 的另一种方式是敲击和抓挠：用手指敲击材料或用指甲抓挠材料，就会产生声音。

通常情况下，只要有人对着话筒轻轻吹气，或者用嘴发出咂嘴或吃东西的声音，就足够了。这些不同的 ASMR 实践的目的是让观众放松，这是这类视频也被看成入睡的辅助工具的原因。由于这些声音是如此精细，它们必须用特别敏锐的麦克风录制，而且通常需要戴耳机才能听到。同时，公司也在使用 ASMR 视频做广告。重点并不一定是声音，也可以是很正常的活动，但这些活动都不应该大声。你可以看到有人画画，铅笔在纸上滑行，有人在拆包裹，或者有人在涂指甲油。目前，全世界有无数的人在制作 ASMR 视频，甚至以此为生。

嗅觉：无意识的感知占主导地位

与动物的嗅觉功能相比，人类的嗅觉功能有限。然而，我们可以感知到大约 10 000 种不同的气味。在漫长的进化中，人类已经基本丧失了大部分嗅觉功能。大约 2/3 的负责嗅觉感知的基因由于突变而变得无用。今天，人类只剩下 400 个完整的嗅觉基因。

鼻子内部有一层薄薄的组织，被称为"嗅觉黏膜"。每一侧的嗅觉黏膜中都含有大约 1 500 万个嗅觉细胞。从嗅觉细胞中延伸出数厘米长的神经纤维，即轴突，它们延伸到大脑中，参与了感受气味和传递关键社会刺激的功能。

悬浮在空气中的气味分子被所谓的纤毛感知，纤毛是嗅觉细胞上的 20 ～ 30 根小丝，气味传感器就用它们来感知。每个人都有 350 种不同类型的嗅觉细胞，气味分子可以与这些细胞的受体对接。复杂的气味，如咖啡，会同时激活许多不同类型的嗅觉细胞，然后在大脑中形成咖啡的气味模式。被称为"信息素"的化学物质在人类的性行为中仍然发挥着重要作用。然而，人类的嗅觉在择偶方面可能已经毫不重要，因为几百万年前，我们的祖先就开始更加关注异性的视觉刺激而非化学物质了。

不管怎么说，作为一种警告信号，嗅觉在今天的人类中仍然具有出色的生存意义。我们不能也不希望失去嗅觉，因为嗅觉与味觉的结合能为我们提供大量的感知，能提高我们的健康水平和生活质量。恰恰是在与其他感官知觉的结合中，嗅觉显示了它的力量。

气味引导着记忆和情感

对一个人来说，夏天的气味像新割的青草，对另一个人来说像防晒霜或露天游泳池的氯水，对第三个人来说像普罗旺斯的月桂树田。气味与记忆和情感紧密相连。然而，对气味的科学研究在很长一段时间内被忽视了，直到现代大脑研究的兴起，才有了进行该领域科学研究的必要仪器。

即使在今天，仍然有许多人认为嗅觉是可以被放弃的，听觉和视觉对他们来说似乎更重要。但越来越清楚的是，这是个错误的想法。世界上大约有 40 万种不同的气味物质，但人类属于微型嗅觉者。鼻腔内的嗅觉细胞及 350 个不同的受体将信息直接传递给大脑的边缘系统，在那里，被检测到的香气立即被转化为情感并与记忆相联系。

人们闻到的气味和他们对气味的解释有很大不同，这既取决于他们各自的基因构成，也取决于他们的文化背景。到目前为止，嗅觉最重要的任务之一是警告我们有危险，如腐烂的食物、火灾或有毒气体。识别有害的气味似乎是嗅觉的主要任务，而对令人愉快的气味的感知只是副产品。

同时，研究人员已经认识到，嗅觉在我们的生活中发挥的核心作用远远超过了我们过去的假设。在不知不觉中，气味不仅引导着我们的感觉和记忆，还影响着我们的消费行为、我们的情感和我们的幸福感。

青苹果的香味可以减轻幽闭恐惧症的感觉，因此已经被一些大脑研究人员用于磁共振断层扫描，以减少因惊恐发作而不得不中断的检查。茉莉花的香味能加强精神刺激。薰衣草的香味能使人更加平静。当一些人闻到薄荷清香时，会减少犯错。

人们会优先把气味与积极记忆结合起来。在一些酒店，新鲜出炉的苹果派的味道旨在传达一种安全感，因为它唤醒了人们关于童年和家庭的记忆。

气味在不同文化中的重要性及其差异程度可见一斑，例如，发酵鱼的气味会刺激一些亚洲人的食欲，而丁酸的气味在欧洲人看来，根据不同的框架①，要么是刺激食欲的奶酪香味，要么是令人作呕的呕吐物气味。

即使在因疾病而失去嗅觉的人身上，某些香气仍有无意识的影响。显然，人们甚至可以用香气来刺激或削弱免疫系统。人们甚至可以不知不觉地闻出他们面前的人是害怕、紧张或是高兴。在一项实验中，女性闻对方前臂的气味，就能判断出这是一个刚看过喜剧的人还是刚看过悲剧的人。

味觉：童年的记忆与进餐

味觉有助于我们的祖先检查食物是否有毒或变质，因此对生存至关重要。苦味或酸味表示有毒的、不可食用的食物，或者是变质的蛋白质。今天我们知道，舌头上的味蕾含有感知咸、酸、苦、甜及浓郁的鲜味的感受器。直到 1910 年左右，日本研究人员池田菊奈（Kikunae Ikeda）才发现，第五种味觉有独立的感觉细胞。世界各地的研究人员仍在试图找出是否还有其他口味。根据最近的研究结果，第六种味觉可能是"脂香"。

大约一半的味觉细胞对多种味道有反应，但对每种味道的敏感

---

① 框架意味着，对相同内容的不同表达会影响人们对现实的感知，从而影响人们相应的行为，如"有 50% 的学生通过了考试"，这一说法就与"50% 的学生没考过"给人的感觉大不一样。

度不同。其他细胞只对单一味道做出反应，并传递有关刺激强度的信息。科学家们认为，这 5 种味道有 10 种可能的强度级别。

舌头上和口腔其他部位的味蕾是实际的味觉器官。成年人有大约 2 000 ～ 4 000 个味蕾，每个味蕾有大约 10 ～ 50 个感觉细胞。所有传入的信息都被传递到延髓的一个区域。在那里进行分配。一部分信息通过几个切换点与其他感官知觉如疼痛、温度或触摸一起传递给意识。另一部分绕过有意识感知的控制中心，直接进入与感觉感知有关的大脑区域，而这些感觉感知是用来保证生存的。

如果某样东西闻起来不舒服，我们就不愿意吃它。如果嗅觉受到干扰，如感冒了，味觉通常也会受到影响。我们不喜欢喝太热或太冷的饮料。辛辣的食物会引起疼痛。对食物的表面感知，如它是硬的还是软的，液体还是固体，也会影响我们的味觉。一些口味偏好至少部分是由基因预设的。例如，这决定了你是否喜欢吃猪肉。

我们喜欢哪种味道，最初是通过童年和青少年时期的感知形成的，后来通过味觉训练习得。只有对脂肪和甜的东西的偏好与生俱来。与嗅觉一样，味觉也与感觉紧密相连。因此，不好的气味或味道会引起呕吐和恶心的反应。另外，被认为开胃的气味会刺激唾液和胃液的分泌。强烈的情感通常与味觉描述联系在一起，例如，"苦瓜脸""打酸嗝"或"甜蜜时光"等比喻就表明了这一点。

触觉：远不止拥抱

触觉，即触碰的感受，不仅负责处理被称为"表面敏感"的触觉感知，还负责处理来自关节、肌肉和肌腱的知觉。后者被称为"本体感觉"或"深度敏感性"，它不属于对环境的感知，而是对身体的感知。

触觉感知包括：（1）机械感知，即皮肤对压力、触摸、振动或拉伸的反应；（2）热感知，即皮肤对热和冷的反应；（3）痛觉感知，即人们对疼痛的感知。但疼痛不仅通过皮肤来感知，还通过身体各部分的受体来感知。

莱比锡大学脑科学研究所触觉研究实验室负责人马丁·格伦瓦尔德（Martin Grunwald）说，没有触觉系统，我们就无法生存。如果没有这个感官系统，我们甚至不会知道自己的存在。我们身体上的每一次触摸都经过生物层面和心理层面的处理，甚至我们都没有意识到这一点。

我们能够感觉到无数的表面差异，即使它们小到没有显微镜完全无法被观察到。短暂的身体接触或拥抱可以引发积极的情感。充分的身体接触是儿童成长和心理稳定的先决条件，也是成年人建立关系的前提。人类生活的领域每天都受到触觉系统的影响。

在胚胎时期，触觉系统最先发育，比其他感觉系统都要早。甚至在所有内脏器官形成之前，它就能记录身体感受到的物理影响，并激发全身的反应。事实证明，这种身体刺激启动了婴儿的生理和神经系统的发育过程。动物实验表明，出生后缺乏接触会损害大脑的生长。

皮肤是人类最大的器官，面积约为 2 平方米，包含数量最多的触觉敏感受体，尤其在手指尖、舌头、嘴唇、生殖器和毛囊上特别多。但它们也存在于身体的其他结缔组织结构中，包括骨皮、黏膜、静脉和动脉壁，还有肌肉、肌腱和关节。

所有的受体都是专门化的，有些只对短暂的压力有反应，有些则对持久的压力有反应。我们通过疼痛受体记录疼痛感觉，通过温度受体记录温度刺激，通过机械受体记录触摸、压力和振动。平均来说，每平方厘米的皮肤上有 2 个热受体、13 个冷受体、25 个压力受体和 200 个疼痛受体。

触摸感也将触摸的信号传递给大脑。触摸不仅能表达情感，还能引发其他人的感受。一些特殊的神经纤维来判断触摸是否让人感觉舒适。短暂的拥抱或抚摸就能导致一系列的生化反应。例如，催产素被释放，血压和心率下降。压力激素皮质醇的浓度下降，恐惧和疼痛的感觉不再那么强烈。

研究人员还发现，通过触摸，免疫系统也得到了加强。经常有身体接触的儿童不仅在情感上发展得更好，对疼痛不那么敏感，而且也不那么容易受到感染。

➲ 身体感知：内心现实的基石

身体感知是为身体和内心的信息联通服务的。这种联系具有强烈的情感导向。我们的内心不仅告知身体下一步打算做什么，要如何运动，而且还告知身体感觉如何。我们的大部分情感和感觉都表现在身体上，这也反映在众多隐喻中。遇到麻烦事就会胃不舒服，有些事要铭记在心，或者烦恼时会气得肝疼。

情感和感觉不仅会表现在内部器官中，而且会表现在肌肉和筋膜中。当你感到停滞不前时，你会觉得行动困难；当你感到肩上的重担还没有卸下时，就会觉得背痛。反过来说，身体有问题时也会向头脑报告。我们常常只在身体上感受情感和感觉，却没有认识到它也有心理成因。当我们为某件事绞尽脑汁时，往往就会头昏眼花。

在"动态"中，感受自己的强大

本体感觉包括：（1）位置感，即关节提供关于其位置的信息；（2）力感，即关于肌肉和肌腱张力的信息；（3）运动感或动觉感知，即关节、肌肉和肌腱提供关于当前运动的信息。本体感觉与前庭觉（平衡觉）密切相关。长期以来，人们都知道，一般来说，体育锻炼对我们的心理健康有好处。运动能促进内啡肽的释放，内啡肽具有使人快乐的作用，并能减少疼痛和焦虑。

姿势、感觉和行动之间也有明显的联系。因此，一些简单的身体姿态也能给我们传达身体和心理上的力量感。当我们感觉舒适时，情感上也会更加坚强。最后，这意味着，通过改变我们的姿势、动作，甚至某些习惯，我们就可以对其他人产生更强的影响，同时也让我们自己感到更强大。

当世界颠倒的时候，保持平衡

平衡失调和头晕本身不是一个疾病实体，而往往是不同病因的多种疾病的关键症状。头晕可能源于内耳、脑干或小脑，也可能有心理上的原因。总体来说，眩晕的症状并不罕见。在向家庭医生咨询的患者中，10% 的人患有眩晕症，而在 80 岁以上的患者中，这一数字高达 40%。

导致我们失去平衡感的原因可能是情景原因，如晕船、晕车或高空眩晕；也可能是生理和心理原因。出现头晕时，往往是整个人体系统在与其环境互动中受到了影响，包括身体和精神。

根据医学研究，在某些前庭障碍的病例中，如果患者害怕新的头晕发作，用安慰剂治疗可能有用。不管怎么说，平衡失调对一般人来说都是非常不愉快的，因此不应掉以轻心。

我可以听到心跳，感觉内心

内脏感觉或肠道感觉是对内部器官的知觉。这种知觉与本体知觉共同为我们提供关于身体在空间中的位置和运动的信息，今天被概括为所谓的"内部感觉"。

这种内部感觉指的是所有并非来自外部世界，而是身体接收到的关于自身功能的信息。如果疼痛感没有在皮肤上被明确地感知为外部信号的话，它也算作内部感觉。

牛津大学的心理学家大卫·普兰斯（David Plans）说："我们与我们的身体已经失联。"在他看来，症状不是疾病，而是我们机体的一种表达，身体以这种方式与我们交流。但关键是，我们能否正确解释我们的身体信号。身体信号是通向我们无意识的途径，而无意识是直觉的根源所在。机体不会忘记任何东西，只是把经验以这种方式储存起来，仅靠理性无法调取。

南加利福尼亚大学的神经科学家安东尼奥·达马西奥（Antonio Damasio）是这样解释的：身体不断发出信息，产生生物情感，作为体征标志。然后，我们的意识将这些转换为一种感知。有时，我们很难区分某些身体感知究竟是外部情况还是内部过程导致的结果。在进入大脑的海量信息中，尤为突出的是来自神经连接，俗称"腹脑"的信息。当涉及消化系统问题和炎症信号时，这些信息尤为活跃。

例如，当小鼠的肠子发炎时，小鼠表现得更加焦虑不安。当研究人员通过基因操作消除另一些小鼠的特定肠道激素时，它们都抑郁了。在研究小鼠的肠道菌群时，研究人员还发现，肠道细菌产生的物质通过血液进入大脑并改变那里的情感过程。例如，科学家用抗生素破坏了小鼠的肠道菌群后，小鼠变得更加好奇，并表现出更少的恐惧。然而，这些小鼠也表现出了记忆问题。

其他研究人员发现，小鼠在接受益生菌治疗后，焦虑和抑郁的程度也有所降低，能够更好地应对压力。从这些小鼠实验的结果来看，人类可以通过饮食有针对性地影响自身情感，只是这依然太过冒险，毕竟目前仍缺乏重要的研究依据。尽管如此，科学家们确信，健康的饮食能够促进人类心理健康。

芬兰研究人员已经确定了情感会导致身体的哪些区域产生反应。担忧往往导致胸部和上腹部的活动增加。除了腿部，全身都能感受到爱。蔑视导致头部更强烈的反应。骄傲、羞耻、愤怒、恐惧和厌恶都导致头部和胸部产生反应，愤怒导致手臂肌肉产生反应。

只有快乐是作为全身的强烈活动被感受。抑郁和悲伤会导致手臂、腿和头部的活动减少，它们与吃惊或羞耻类似，是感觉的混合。这就是为什么悲伤和吃惊有时会起于脚下，让我们寸步难行或跌倒在地。

激活愈合能力，免疫系统也是一个感觉器官

免疫系统也助力着内部感觉。免疫系统的职责是抵御微生物和外来异物，因此必须首先感知它们。它是一个确保我们生存的复杂网络。

现在有一门新的研究学科，即心理神经免疫学，涉及心理、神经和免疫系统的互动。它的一个发现是，神经的信使物质会影响免疫细胞，而反过来，身体防御物质也对神经有影响。大脑和免疫系统之间的信息交流一方面通过激素进行，另一方面也借助免疫细胞产生的信使物质，也就是所谓的"白细胞介素"进行。如果大脑察觉到大量此类信息，就知道有害的病菌已经住了下来。于是大脑命令体温升高，让我们发烧，我们因疲倦和无精打采而进入休养状态。不过，许多身体疾病并不那么容易治疗。

如果大脑不断释放压力激素，如肾上腺素或皮质醇，免疫细胞的数量就会减少，这样我们对入侵的病原体的防御就会减少，身体就会继续执行必须进行的任务。等到周末，或者哪天你去度假，压力减少时，疾病可能就会突然出现。

内心的时钟，保持节奏感

2017 年，诺贝尔医学奖颁给了三位美国研究人员：杰弗里·霍

尔（Jeffrey Hall）、迈克尔·罗斯巴什（Michael Rosbash）和迈克尔·扬（Michael Young）。他们在 1984 年发现了生物的内部时钟是如何工作的。但是，内部时钟可不是只有 1 个。今天我们知道，有 8 个时钟基因可以影响和控制数百个其他基因。内部时钟功能的基础是外部 24 小时昼夜节律，这种节律也为内部时钟设定了节奏。

在时间生物学学科中，世界各地的研究人员正在研究为什么许多人的内部和外部时钟不再同步运行。这种基因上的自我调节机制并非人类独有，这种机制确保我们知道自己在日夜交替的过程中处于哪个时间窗口。内部时钟不仅控制着激素水平、睡眠节奏、体温和新陈代谢，还控制着我们的一般行为。当内部和外部时钟不再同步，例如，长途飞行后，我们会感到萎靡不振，这通常由时差引起。不过只需要几天时间，身体就能使细胞重新校正同步。

通过视网膜感受到的日光对内部时钟的同步化起着决定性作用。所有基因中都有 10% ~ 20% 有节律活动，并根据这种明暗信息确定自己的方向，只是这么工作需要一定的时间。遵循内部时钟的不只是新陈代谢。开发新药时也需要考虑生物学研究的这种发现。药物需要在特定时间吃，以便产生最大的效果。如果进餐的时间不对，人就会像睡眠不足一样，很容易生病。因此，听从内心信号意义重大。

疼的时候，感受疼痛

疼痛是一种不愉快的感觉和情感体验，与身体表面或内部的实际或即将发生的损害有关。如果这种损害并未确实存在，我们会用与这种损害相对应的术语来描述类似痛苦的体验。这就是世界疼痛组织（IASP 国际疼痛研究协会）对我们所说的疼痛的定义。

疼痛的感觉是不同的，可以是烧灼感、刺痛感、钻孔感、撕裂感或钝痛感。这些不同的感知带来的体验因人而异，感知本身也是如此。疼痛有许多种不同的描述方式，如将其描述为一种痛苦或疲惫的感觉。人们对疼痛的强度也有不同的感受，如果用等级来表达，在 0 ～ 10 的范围内，0 代表没有疼痛感，而 10 代表人们能想象到的最强烈的疼痛感。

从进化的角度来看，疼痛是最早、最频繁和最令人印象深刻的体验之一，因为它作为一种维持生命的生物反应，对生存至关重要。对疼痛的感觉也取决于一个人所处的情况。如果他们必须逃离或抵抗，身体可以抑制对疼痛的感知，直到情况改变。疼痛的感觉通过一个复杂的系统被传递给大脑，其中不同的中心负责处理这些刺激。大脑中没有中央疼痛中心。

我们都知道，被昆虫叮咬和蜇伤是很痛苦的，因此我们应当尽可能避免接触这些动物。美国昆虫学家贾斯汀·施密特（Justin Schmidt）制定了"施密特刺痛索引"，他让自己在世界各国被超过

150 种不同的昆虫咬伤或蜇伤，然后试图描述各自的疼痛感。

他的量度表分为四级，来自南美洲和中美洲热带雨林的子弹蚁位居榜首。这种蚂蚁不咬人，它蜇人。施密特形容这种疼痛就像踩在烧红的炭火上，还有一根七厘米长的生锈铁钉扎在你的脚后跟里。同样原产于南美洲和中美洲的黄蜂物种"狼蛛鹰"造成的刺痛也是极其痛苦的。施密特描述它的刺痛如同剧烈而炫目的可怕电击，就像有人把一个正在运行的吹风机扔进你的浴缸。

这两种昆虫的咬伤或蜇伤被列为第四级，第三级是来自热带和亚热带的蚁蜂的刺咬，第二级是蜜蜂和大黄蜂的刺咬，施密特将这种刺痛描述为点燃的火柴头被压断在皮肤上。原产于中欧和南欧的结蚁和火蚁分别排名 1.8 和 1.2。

然而，人们也会有意识地寻找痛苦，如吃辣椒酱。据说，万讷艾克尔市有一种极其辣的咖喱香肠，它使用了据称是世界上最辣的香料之一，即"布莱的 1 600 万储备"辣椒酱。在衡量辛辣程度的"斯科维尔"量表上，这种香料的最大值达到了 1 600 万斯科维尔。要知道塔巴斯科辣椒酱的辣度只有 3 000 斯科维尔。

疼痛被称为生物 – 心理 – 社会模型。一方面，疼痛来自身体、皮肤、肌肉组织，甚至来自口腔黏膜，如吃了辣椒酱。而如何处理这种痛苦，则取决于个人的思想、情感和行为。一个自愿吃辣咖喱香肠的人和一个被骗着吃下这种香肠的人，对相应的痛苦的感受大不相同。

社会方面由工作、家庭等领域组成。在这里，对疼痛的体验往往实现了某种特定效用，并是有意而为的。谁吃过很辣的咖喱香肠，就会长时间吹嘘谈论，甚至有些听众还会佩服他。

文身的效果也相似，但与咖喱香肠不同的是，文身更持久，而且永久可见。你当然可以在皮肤上贴一个令人毫无痛苦的且几天后就会消失的文身贴，然而，真正的文身永远与疼痛联系在一起，疼痛就是这个身体装饰的组成部分。同时，有一些文身工作室也提供麻醉状态下的文身服务。

顺便说一句，身体不同部位的敏感度不同，至少对行家里手来说，一看文身部位就知道这个人承担了什么痛苦。据说最不敏感的部位是我们的手臂外侧。文身在面部、脚背和手背、腋窝特别疼痛，不过头部和手脚也相当疼痛。

当然，我们知道，在不同的文化中，成长可能要经历某些高度痛苦的程序。即使在高度发达的社会中也存在这种情况，例如，在某些大学中，有一些只有痛苦才能通关的入学仪式。所以说，痛苦不仅是碰巧发生在我们身上的，也可以是我们自愿承受的，不管是为了科学研究，还是为了应对考验，抑或为了美或荣誉。因此，有些施加和忍受痛苦的行为可以被社会接受。

⮞ 内容感知：社会现实的基石

除了感知环境的感官（告知我们身体外部发生的事情）和感知身体的感官（指向内部）之外，我们还有感知内容的感官。它们是为了解释其他感官的感觉，并赋予它们意义。如果没有感知内容的感官，我们依然能够收集信息，但却无法解释它们。

内容感知有三种感觉，即话语感知（对语言和文字的感知）、思想感知和共情感知。它们从外界和身体中获取千差万别的感官感受，再把这些感受与记忆内容结合起来。感知内容的感官没有向内或向外的受体，而是利用其他感官所提供的信息工作。

话语感知为我们打开了世界的大门

对语言的感知不只是听到音调。我们虽然可以识别另一种语言的音调，再用我们的发音器官去重复它们，但我们无从得知我们说了些什么。我们跟那些在手臂上刺一个看起来非常美的中国汉字的人的境况相似，这些人在那些懂中国汉字的人中常常引起一片欢笑，自己却丈二和尚摸不着头脑。

只有在对语言的感知和对文字的感知的共同作用下，我们才不再只是感知声音的序列，而是可以根据谈话伙伴的面部表情和手势，从内容上达到理解。我们明白了其所指意义。对语言和文字的感知也使我们能够理解书面的形式和形体，也就是字母和文字的本质。当然，前提是我们已经学会认字了。这种感知使我们能够从抽象的感觉中生成具体的内容。

阅读和写作时，各种感官都很活跃

阅读和写作都是非常复杂的大脑活动，不仅不同的大脑系统要相互协作，还需要广泛的感官知觉活跃起来。为了能阅读，首先需要视觉，对于盲人，则需要触觉，以便能通过盲文理解文本。对视觉和触觉印象的进一步处理相似但不相同。首先要觉察到这是一种文字。对于盲文，则容易一点，因为不同盲文触点的排列总是相同的。

通过视觉感知的文字因文化的不同而彼此迥异。关于这一问题的文献有很多，如果历数，不免超出本文范围。让我们假设我们面对的是一种由字母组成的字体，它属于你目前的文化圈，并且是你所掌握的某种语言。世界上存在无数文字档案，这一种只是其中的一部分。视觉感知和话语感知会根据字母的组合来识别具有特定意义的单词。

但仅有视觉感知和话语感知还不够。你要先区分开手写体和印刷体的不同，然后在笔迹中读到进一步的信息，写这篇文字的人是儿童还是成年人？是用什么工具写的，写在什么载体上？

该文本看起来是谨慎认真，还是像书法作评那样富有创意？该文本是供其他人阅读的，还是更像速记，以供作者本人备忘？所有这些信息在几分之一秒内被你感知和处理，同时你识别了文本的内容。

哪怕是印刷品也能提供很多内容以外的附加信息，这些信息在不知不觉中就决定了你的感受。如果它正好不是一件躺在博物馆陈列柜中的展品，那么触摸一下也能提供信息。该文本是来自报纸、杂志还是书籍？映入眼帘的是标题还是内容？报纸、杂志和书籍因其格式和重量提供了额外线索，当你的大脑参考这些触觉信息，就能更好地理解该内容的意义和关联。

顺便说一下，这与屏幕上的文本相比，区别显著。虽然你可以改变字体的大小和颜色，甚至选择不同的字体，但无论你阅读什么，作为文本载体的智能手机、平板电脑或笔记本电脑总是恒定不变的。为了在载体方面也能引起读者的兴趣，越来越多的电子书正朝着用额外的感官印象吸引读者注意力的方向发展，如提供链接、动画等。

希望我们现在已经让你感受到，阅读作为一种感知是多么的复杂，即使我们在日常使用中完全将其视为理所当然。

写作增强大脑的活动性和记忆力

阅读是一个由外向内的思维过程，而写作可以双向进行。除了在阅读中使用到的感官和大脑区域外，写作还会激活更多部位。然而，在键盘上打字与手写截然不同。

在键盘上打字，对触觉和运动感觉的能力要求要低得多。这意味着，例如，在听课时直接在计算机上做笔记的学生，会比手写笔记的学生的记忆效果差些。打字时，感官和大脑受到的挑战要小得多。手写时，对自己所处情况的感知要强得多。

写在一张纸上还是写在一个本子上，以及用什么笔写字也会造成区别。拿着笔的感觉如何，书写工具在多大程度上共同塑造了字体，所有这些感知被共同储存，彼此相关，这样一来，哪怕大脑中的信息浩如烟海，也可以更容易地回忆起来。

一般来说，人们必须区分两类写作。第一类写作包括表达性写作、反思性写作和创意性写作，在这类写作中，自己的思想是文本的来源。作者集中精力感知自己的思想。与此相反的是第二类写作，包括感知性写作、学习性写作和印象性写作，这类写作的目的在于通过感官来感知外部的信息。

让我们先说说表达性写作。这种形式的写作是由得克萨斯大学的心理学教授詹姆斯·彭尼贝克（James Pennebaker）在 20 世纪

80 年代提出的。他与医生约书亚·斯迈思（Joshua Smyth）共同发现，学生的身体不适或成绩下降通常可以追溯到他们童年或青春期早期的创伤经历，往往多年之后，这些创伤才显示出负面影响。

在实验中，彭尼贝克要求一些学生接连 4 天每天都花 10 ~ 30 分钟写下他们的创伤经历。这些文本除了写作者以外没有人读过。对照组的学生只被要求写他们的日常生活。在接下来的 6 个月里，事实证明，那些写下自己负面记忆和感受的学生比对照组的学生看医生的次数更少。显然，表达性写作不仅改善了精神健康，还改善了身体健康。

反思性写作指的是人们像表达性写作那样写下一个文本，在其中记录困扰他们或他们认为是负面的事件。随后把文本搁置，在以后的某个时间点，再尝试从第三人称对其进行书面评论。这种形式的写作可以缓解压力，增强复原力。

创意性写作起源于自发写作或自由写作，让思想自由地流淌在纸上，不需要有意识地检查语法、拼写和可读性。这种形式的写作也可以缓解压力。然而，创意性写作不再面向作家本人，而是转而面向文本的读者。通过向他人转述的方式，理性的视角也被加入进来。

感知性写作、学习性写作和印象性写作是完全不同的。感知性写作就是大学生上课时做的事情，他要把他听到的和看到的特定内容更好地固定在自己的记忆中。

学习性写作从论文开始，涉及学术生涯各个阶段的论文，新的认知从已有的资源中发展出来。

印象性写作较少涉及事实方面，更多的是写作关于感受的特定文本，写作的目的是影响和改变自己。这种文本可以由经验丰富的心理咨询师为特定的人或情况编写，不过通常在文学作品中寻找适当的模板就足够了，这些文本的作用就像阅读疗法或小说疗法一样。

阅读和写作的重要之处在于，虽然并非全部感官都参与了这一过程，但是许多感官都共同发挥作用，使得大脑的活动性和记忆力有所增强。

思想感知向我们解释世界

思想感知这一概念，在本书的意思和人类学家鲁道夫·斯坦纳（Rudolf Steiner）所使用的意思并不相同。在这里，它的意思是，这种感知使我们能够认识到事物之间的联系。通过思想感知，我们将传入的感觉与我们的知识（也就是我们的记忆、所学到的和所经历的）结合在一起，从而构建出比我们之前的知识更先进的新知识。

这种对现实的建构可以指我们的世界图像的一小部分，也可以指对现有事物的全新评价。我们得出的结论取决于我们过往的知识积累和新传入的信息，以及与之相关的感受和情感。通过思想感知，我们不仅构建了我们周围世界的形象，而且还构建了我们的自我及其在这个世界上的位置。

共情感知让我们理解他人

内容感知的第三种，即共情感知，使我们既能通过镜像神经元理解他人，也能对他人的意识过程做出假设。没有他人，人就不会成为现在的样子。群居的冲动在人们的大脑中深深扎根。我们的神经元网络使我们能与他人产生共鸣，但这也可能会使我们变成没有意志的追随者。

人们越来越清楚地看到，个人的身体和心灵与他所处的社会环境有多么密切的联系。如果社交网络功能良好，人们就能保持心脏、循环系统和免疫系统的健康。人们更长寿，记忆力更好，而且也更快乐。正如心理学家丹尼尔·戈尔曼（Daniel Goleman）所说，与他人接触的需要是进化而来的。

格罗宁根神经影像中心的大脑研究员克里斯蒂安·凯瑟斯（Christian Keysers）说："这是过去十年中最重要的发现之一，我们大脑的很大一部分是旨在处理社会刺激的。"大脑会记录对面人的面部表情和语气中最细微的差别，凭直觉预测他们的下一步行动，只在很少的情况下需要有意识的思维的帮助来做出明智的反应。

镜像神经元是由意大利大脑研究员贾科莫·里佐拉蒂（Giacomo Rizzolatti）发现的，他是帕尔马大学生理学研究所的负责人。1991年，他想研究大脑如何计划和执行有目标的行动。他用猕猴作为实验动物，把电极植入它的头部，来观察当它伸手去拿花生时发生了什么。

一开始，猴子一动不动地坐在那里，看着研究人员将花生放在它附近，这时测量设备已经记录了一个冲动。里佐拉蒂和他的研究小组起初认为这是个仪器错误，后来他们才发现，当其他动物或人类的某个动作有意义时，特定的脑细胞就会发出信号（没有拿着花生的手的动作几乎不会被察觉与记忆）。里佐拉蒂称这些细胞为"镜像神经元"。

在接下来的几年里，越来越多的证据表明镜像神经元也存在于人类大脑中。同时，这些神经细胞被分配了重要的功能，这些功能是正确解释他人行为的必要条件。我们现在知道，这种细胞存在于大脑的不同区域，它们不仅能控制动作，还能识别其他生物的动作，不管这些动作是真的被看到了还是只发出了声响被听到。当一袋糖果在电影院里沙沙作响时，我们清楚地知道正在发生什么事。镜像神经元也确保我们能与他人共情，如对别人的疼痛感同身受。

如果没有镜像细胞，我们很可能无法正确解释面部表情或动作，而且在语言方面也会遇到麻烦。人类通过模仿他人来学习与他人交流。而镜像神经元则负责正确的模仿。要是别人犯了错误，它们也能识别出来。**既然我们如此擅长对其他人的行为做出无意识反应，那么我们自己的行为主要由外部决定就不再奇怪了。**

镜像神经元的发现从根本上改变了我们对大脑如何处理社交世界的想法。我们的外部世界并不会与我们分离，它与我们相似，我们从中直接获取信息，将其转移到我们自己身上并体验它。儿童在四岁左右就已经可以对他人在想什么进行推想了，即所谓的"心智理论"（theory of mind）。

成为社区的一部分是人们根深蒂固的需要，这不仅使合作成为可能，而且使假装服从、盲目服从和滥用权力成为可能。这一点在米尔格拉姆（Milgram）的实验中也有所体现。

➲ 感官知觉互相协作

感官知觉互相协作，因此我们所看到的内容也受我们尝到的味道或闻到的气味的影响。**既然所有的感官共同工作，那么它们也应该一起接受训练。**感官影响我们的方式有时令人惊讶。例如，研究员塞尔玛·洛贝尔（Thalma Lobel）通过实验发现，我们的道德观念会因味觉体验而改变。不过，大多数人认为，道德观念基于价值观和信仰，绝不会受当下的感官感觉摆布。

通过关于身体清洁和厌恶的实验，研究人员发现我们的是非观念非常可塑。研究发现，对不愉快的味道或气味感到厌恶的被试，与接触过中性味道或气味的被试相比，在道德上对某些情况的判断更严格。令人不愉快的气味也促进了不道德的行为。另一些实验表明，特定气味可以刺激特定活动。例如，干净的气味鼓励人们生出整理和清洁的意愿。

隐喻是具身化的理想工具

环境感知、身体感知和内容感知彼此合作，尤为有趣。具身化和隐喻在这里作用重大。我们使用的大量形象化的语言为我们提供了种种线索，说明了身体经验和情感如何紧密相连。

通过皮肤感受到的感觉在许多隐喻中都得到体现。例如，我们经历了粗粝的日子，保有柔软的心，有坎坷的处境，以及谈判很顺，打一场硬仗。还有像温暖的握手或纯净的心灵这样的概念，更是清楚地表明了行为和感觉是如何形成一个统一体的。身体的感觉，如温暖或寒冷，亲近或疏远，以及重或轻这些概念，经常被用来描述感官印象如何影响我们。

隐喻是具身化的理想工具。我们的语言中充满了隐喻，无形中影响着我们。这可以帮助我们理解那些很抽象的理念。然而，身体感知也会把我们引入歧途。隐喻不仅仅是诗意的表达。我们的大脑将它们作为普遍而形象的意义单位。

具身化不仅帮助我们学习和执行得更好，而且，当我们体现隐喻或从环境中捕获到创意信号时，它还能帮我们提高解决问题的能力。隐喻与物理现实密切相关。在身体感知的基础上，才能发展出高级的抽象模式，如仁慈、亲疏远近、思考和行动模式。关于"身体智能"的研究结果有助于我们了解思维和感觉如何运作。

就连创造力也可以通过简单的练习得到提高。不过，关键是要克服一些类似于"抽屉思维"的隐喻。同样，那些抛开"老路子"的人，他们的身体也更富创造力。

不应低估身体姿态

只要坐姿笔直就能增强我们的自信心。当然，也有另一些完全不同的"权力姿态"。例如，一个人先是站立，然后分开双腿坐下，把双手放在桌子上，另一个人先是坐着，把双手放在两个膝盖之间，然后并拢双腿站立，双臂垂下。前者会感觉自己更强大。这可能会让我们联想起军事演习，士兵们对他们的上级必须保持仪态。

双腿并拢站立、双臂紧贴在身旁的人更愿意接受命令，即使他们没有意识到这种姿势代表着弱势力量。如果你还记得一些军事影片，你可能会记得，长官们通常在他们的连队前面分腿而立。

身体姿态在许多情况下都至关重要。在生意场上，老板给办公桌对面的客人的椅子总是比给自己的椅子更低，这可不是无缘无故的。各种实验都对权力和高度之间的关系进行探究。结论如下：位于"上方"的就是强大的，而居于"下方"的则往往是弱势无力的。这种权力的差距甚至在词语中被呈现出来，揭示了强势和弱势。

当重量影响决策时

与重量的感知相关的隐喻不仅是文字意象。美国心理学家约翰·巴奇已经通过研究证实了重量和重要性的联系。在一项实验中，被试被要求对一个申请人的简历进行评价。他们不知道简历是同一份，区别在于固定简历的夹板的重量。其中一半被试拿到的夹板只有 350 克重，另一半被试拿到的夹板则重达 2 千克。

结果很容易预测。那些拿着沉重夹板的人认为申请人更有资格，对工作更有兴趣。可见，重量在这里影响了人们对资格和严肃性的评估。对同事关系和团队合作的评估也是如此。用不同重量的夹板进行的许多其他实验也产生了有趣的结果。

仪式有助于抑制负面情感

仪式往往是具体化的、鲜活的隐喻。例如，在一张纸上写下你不想再有任何关系的人的名字，并写上 "离开我的生活"，随后把纸扔进垃圾桶，这就是具身化的实践形式。事实上，研究表明，通过这种行为，人们可以抑制情感，获得更好的感受。这些练习通常非常简单。

在一项实验中，被试被要求在一张表格上描述他们过去后悔的决定。然后，一半被试把这张表格装进信封，交给实验负责人。另一半被试也把他们的表格上交了，但没有信封。在随后的调查中，实验者要求他们从以下情感中选择一种：内疚、悲伤、担心、后悔或羞愧，并以 1 ~ 5 分的等级评定其强度。那些把记忆放在信封里从而不自觉地与记忆保持距离的人，发现他们的压力比那些没有把记忆放在信封里的人更小。

这不仅适用于你后悔的决定，而且适用于你求而不得的东西。如果把这些写下来，并把这张写有这些内容的纸放进信封里，那么与之相关的悲伤、失望、恐惧或沮丧等情感，就会比不放进信封的情况程度更轻。这种 "实践的具身化" 能帮助实验中的被试感觉更好。而在日常生活中，这可能也行得通。

⊃ 情感感受也属于知觉

对共享经验的渴望

感受属于内在感知，大脑和身体都处理这种内在感知。而情感则作为内容感知的辅助，辅助人们对感知到的内容进行评价。情感会引发感受，情感和感受在我们今天的社会中非常重要，特别是当人们有机会在集体中体验和宣泄情感和感受时。

第二次世界大战后，大部分人开始厌倦大规模事件。50 年前的大多数人宁愿聚在电视机前，作为观众被动地体验重大事件。

随着时间的推移，这一点发生了根本性的变化。越来越多的人想要经历伟大的集体体验。1969 年的伍德斯托克音乐节现在被认为是所有节日之母。在那之后，许多人觉得如果他们不跟成千上万的人一起在街道和广场上集会，就亏大了。

现场活动赋予了情感一种特殊的价值。例如，聚在专门场所一起看世界杯足球赛，所有人一起狂欢。一个流行歌手的死亡也会让许多人一起悲伤和震惊。不过，当失业的危险迫近，或者仅仅是因为自己喜欢的足球队输了球，人们也会一起表达自己的愤怒。

公众的情感会促使我们花钱，我们会为流行音乐支付门票，即使门票价格很高。当然，我们也在其中尽情释放，有时直至体力不支。激动人心的事件早已不再是巧合，它们都是由专业人士策划推动的，直至最后一个细节。这些专家清楚地知道如何建立紧张曲线，知道什么能触动我们。活动越大越好，因为最强烈的情感是在与他人的互动中产生的。

向外界释放自己的情感和感受并在集体活动中进行体验，这种愿望直至今天仍然存在于人们的头脑中。

当集体活动因一些原因无法实现，为被强烈渴望的集体情感体验提供一种替代方式，就因此变得非常必要。这可以是较小的活动，可以在电视或广播中播放。而最关键的是，能让人体验到观众的体验。好多年来，电视上那种有观众席的节目已经证明了这一原则。很可能在不久的将来，我们会找到更多、更好的替代方式。

什么是情感，什么是感觉

在德语中，"情感"和"感受"这两个词经常被当作同义词使用，而且在内容上很难区分彼此。更加复杂的是，即使在德国出版的读物，或者在德国出版的英美读物的译文中，所使用的英语术语也与看似相似的德语术语不同。

事实上，情感（emotion）一词来自拉丁文的"emotio"，意为剧烈的运动，另一个词源是"emovere"，即搅动、推挤出。因此，"情感"一词最初是指向外翻的东西。而我们在德语中用"感受"（gefühl）一词来指代情感（英语的 emotions）、激情（英语的 passions）和感知感受（英语的 sensations）。此外，英语还使用"feeling"一词表达对外部印象的感觉，"sentiment"一词则指情感状态。

让我们继续谈谈感觉。我们想用这个词表示一种主观体验，它可以在生理和行为上表现出来，它由情感触发或可以触发情感。感觉有简单和复杂之分。一方面，简单的感觉由感官知觉引发，如令人不愉快的气味；另一方面，它也可以由身体知觉引发，如在不舒服的椅子上坐得太久而感到背部疼痛。感觉还包括工作知觉，在集中精力工作时，这种感觉很难用语言来描述，当然，一些非常具体的需求也用感觉来表达，如饥饿。

复杂的感觉包括设想或观点的各种形式。它们可以是对快乐的期待，也可以是对失败的恐惧；可以是有关自我评价的感受，如尴尬或内疚，也可以是社会观点的情感组成部分，类似同情和普遍的价值判断。

科学家认为，当我们遭遇了一种体验，对它却不能有意识地施加直接影响，这就被称作"情感"。只有在意识到情感是一种感觉的时候，我们才会认识到自己的情感。但是，某些特定情感却并非一种有意识的感觉，而是一种行为和生理上的专业过程，完全或主要由大脑在无意识中产生。虽然我们假设大脑中存在情感中心，但这并不意味着情感的源头在那里或只在那里。

初级情感系统基于先天的基本感受，如恐惧、喜悦、悲伤、厌恶或愤怒。次级情感系统或有效的认知情感系统的基础则依赖于基本感受与具体学习的信息之间的联系，这些信息与存储在情景记忆中的个人经历，以及社会文化背景有关。

简单地说，这意味着，在一种文化中某件事让人感到愤怒，但在另一种文化中它却不会引发任何反应。例如，如果阿拉伯地区的某人将不干净的手伸向共用的、装着食物的锅，一个欧洲人可能会察觉和注意这一点。但在同属阿拉伯文化的主人那里，这可能会引起厌恶和恼怒，甚至愤怒和鄙视。

到底是什么促使人们产生情感？这个问题不容易回答。我们觉察到其他人的情感，并在镜像神经元的帮助下也感受到这些情感，并将其转化为感受，这是最容易的情感产生方式。但情感不只是通过人与人之间的交流产生的，它可以通过许多不同的方式产生。

生气和愤怒一样，是一种可以很快达到无法想象的程度的情感，通常源于某种情况下的无助。我们也会仅仅因为某个错误决定而感到愤怒，然后可能把自己的愤怒发泄到其他无辜的人身上，而这些人与我们愤怒的原因毫无关系。不过，不光事件和新闻会被情感化处理，甚至个人的想法也会引起好的或坏的情感，我们甚至不会意识到相关的情感表达。

情感在面部表情、语言和手势中表现出来

我们如何表达情感？情感是我们有意识和无意识交流的一部分，这反过来又基于大脑的社会功能。情感显示在面部表情、语言和动作中。保罗·艾克曼（Paul Ekman）说："脸是心灵的窗口。"这位生于 1934 年的美国人类学家和心理学家一生都在研究面部表情和情感的秘密，要说懂行就得是他了。

艾克曼的工作开始于 20 世纪 60 年代的巴布亚新几内亚，开始得相当偶然。当时他调查了当地原始人的面部表情是否也遵循西方文化中的人群的面部表情规律。他能够证明，人类的面部表情确实是普遍的，大约有 3 000 个面部表情具有情感意义。

由于艾克曼的工作，我们知道面部不断地显示出心境，而人却不能有意识地压制它。微小的抽动，即所谓的微表情，不断向他人发出信号。但人们几乎总是在无意识中感应这些信号，只有接受过训练的专业人士才能有意识地感知它们，并对这些信号进行解释，得出结论。他们甚至能够区分真实和假装的情感，非专业人士通常不具备这种能力。

但是，揭示和传递情感的不仅是面部表情，还有姿势和个别的、微小的、反复出现的动作。许多动作只持续几分之一秒。当然，面部表情在所有的经验领域都发挥着重要作用。站在舞台上受

人瞩目的人，或者只是小组讨论的参与者，都通过肢体语言和面部表情与观众进行交流，这种交流比语言交流传递的信息还要多。而且，人们以这种方式传达的信息无论如何都比他们说的话更真实，除非他是一个经验丰富、臭名昭著的骗子。但说谎是很累人的，对大脑的要求远比说真话高。

许多公司和自由职业者很快意识到，光靠言语沟通远远不够。当然，一个熟练的专业电话录音师已经可以从对话中过滤出很多信息，以帮助解释内容，但这往往还不够。

这就是视频会议设备得到蓬勃发展的原因。但它们不能取代直接的对话。一方面，当人们坐在摄像头前时，他们的行为会有所不同；另一方面，对方只是屏幕上显示的人，这也影响着我们的感受。即使两个人戴着口罩见面了，这依然会改变他们的行为方式，改变他们的所说所感。

在研究中，艾克曼认识到，我们不会有意识地决定我们在情感状态下的样子和我们的声音，也无法决定我们做什么和说什么。同样，我们也不能决定何时做出情感反应。然而，我们可以学习抑制情绪化行为，以免在与他人的接触中产生不利影响，就像我们即使天性冷漠，也可以学习不表现得拒人千里一样。大多数人都有意以某种方式影响他人，通常是以符合其理想自我的方式，但他们并不能实际控制这种影响。这是因为，他们往往不能正确处理他们得到的反馈。

就许多身居要职的政治家而言，人们可以清楚地看到，他们显然已经学会了在什么场合该表现出什么情感。在以前的电视画面中，他们总是以同样的"扑克脸"出现在镜头前，无论他们是对环境灾难的受害者感到遗憾，还是宣布谈判的成功。而今天，你可以从他们的脸上看出他们是痛苦还是欢喜，至少这是给人们的印象。一动不动、不太活泼、没有表情的面孔通常对他人的吸引力较小。今天，大多数政治家都知道这一点，只是似乎还没有传到许多企业的高层人士的耳朵里。

顺便说一句，今天通过肉毒杆菌毒素注射抚平皱纹以使自己看起来年轻的人，都必须考虑到这样一个事实：由于面部肌肉的部分麻痹，他们可能会显得很僵硬。虽然脸部可能更光滑，但由于缺乏面部表情，看起来却可能更老。因此，如果你想赢得别人的好感，多几条皱纹其实也无妨。

大多数情况下，其他人发出的情感信号是我们理解他们言行的基础，因为这些信号也引发了我们的情感反应。

面部的 7 种基本情感

保罗·艾克曼区分了 7 种基本的情感，每一种情感都对应一种特定的面部表情。这 7 种情感分别是：悲伤、愤怒、恐惧、厌恶、蔑视、惊讶和快乐。这些概念中的每一种情感都代表多种彼此关联的情感组成的一个大家族。如果我们不算负面情感，就只剩下惊讶和快乐了，而惊讶其实也是负面情感的组成部分。然后就剩下一个相当模糊的概念了——快乐。所有快乐的情感反映在面部表情上差异不大。因为它们的共同点是某种微笑。

积极情感的主要信号系统是声音而不是面部表情。不过，用声音来模拟一种情感非常困难，这需要一定的练习，通常只有演员才具备这种能力。

例如，当一个没有接受过训练的人登上舞台，他们最好能想起过去的积极事件，以便不仅在面部表情上，而且在声音上向观众传达快乐的信号。

艾克曼认为，最简单的积极情感之一是被逗乐。它的范围从微笑到名副其实的爆笑，一些人甚至笑出眼泪。另外，满足感并不怎么通过放松的面部肌肉来传达，而是通过声音。兴奋是最强形式的感兴趣，它能否也被视为一种情感，在艾克曼看来是值得推敲的，因为大脑及其思维在这里也做出了重要贡献。兴奋和恐惧之间往往也有密切的关系。

快乐情感家族里还有一种情感是解脱，当预期的负面事件最终没有发生，紧张情感就消退了，还可能带着一点惊奇。惊奇与我们头脑中难以理解的事情有关。对自己的成就感到自豪也是一种积极的情感。

但并不是我们所感受到的一切都属于情感的范畴，艾克曼指出，在我们的生活中也有其他的驱动力。我们想享受开心，寻求各种快乐，这些快乐可以表现为良好的感觉，但也许更属于情绪范畴，这个概念在这里还没有解释。

艾克曼通过以下特点来表征情感。

✦ 情感表征的 10 个特点

1. 我们可以理解一系列的感受，在许多情况下我们也会意识到它们。

2. 情感发作可能很短，有时只持续几秒，也可能很长。如果它持续了几小时，那就是一种情绪，而不是一种情感。

3. 情感发作基本上与一些对当事人很重要的事情有关。

4. 我们体验到的情感是发生在我们身上的事情，我们并没有选择它们。

5. 我们不断筛选环境中与我们有关的事物，我们对它们的评估过程通常是自动的。我们不会意识到我们的评价，除非它持续了极长的时间。

6. 在情感发作的初期，有一个不敏感阶段，它过滤了储存在我们记忆中的知识和信息，使我们只能调取能增加我们情感的事物。这种不敏感阶段可以持续几秒，但也可以持续很长时间。

7. 只有在感觉已经形成，相应评价也已经完成的时候，我们才会意识到如下事实：我们做出了情感反应。一旦我们意识到一种感觉控制了我们，我们就可以重新评估具体情况。

8. 有一些普遍的情感主题反映了我们的进化史，这些情感主题还存在许多受文化影响的、学来的变体，这些变体由我们的个人经历引起。换句话说，能引发我们情绪化反应的，除了我们祖先关心的事情，还有我们自己认为对自己人生重要的事情。

9. 我们大部分行为的动机，是渴望某种情感或想逃离某种情感。

10. 一个有效的信号——清楚、快速而普遍——可以告诉他人他们的情感状态。

情感会组织、激励我们的行为

现在我们知道了什么会使我们产生情感，以及我们如何表现出情感，我们还需要弄清楚情感是如何运作的。情感的核心重要性如今体现在行为的组织和激励上。恒定的动作顺序只需要一个选择系统就够了，这个系统控制人们对某些行动目标进行取舍，或者在不同目标之间进行选择。在情况不明时，一旦情况有变，我们还得非常迅速地从一种行为切换到另一种行为，如果只利用纯粹的认知进程，有时无法达到所需的速度。

美国大脑研究员约瑟夫·勒杜克斯（Joseph LeDoux）曾说："情感是未来行动的强大动力。它们决定了从一个时刻到下一个时刻的行动路线，它们就像朝向远航目标的风帆。"情感也是人与人沟通的手段，你可以向他人展示自我所处的状态，虽然你也可以为了不泄露计划而刻意压制情感表达，但是这并不能每次都奏效。

情感和感受之间的关系究竟有多复杂，可以通过实验证实。在实验中，给男性展示女性的照片，同时测量他们的脉搏。然后告知被试他们看某张图片时脉搏更快——尽管实际情况并非如此——这些男性就会认为这些图片上的女性更有魅力。所以说，对特定感觉的产生起决定性作用的不仅是生理上的兴奋，还有从认知角度对这些生理兴奋进行的再现和解读。

研究表明，无意识的知觉可以引起和影响情感，被试明确表达的评价则是无足轻重的。所以，引起情感的未必是认知性的评价。情感主要被看作是刺激行动的动机，是认知过程的标志，是某些思维过程的煽动者。

简单来说，这意味着，情感是介于刺激与反应之间的一种无意识的评估。同样令人惊讶的是，许多人不能准确地描述自己的情感状态，却能识别他人的情感状态。情感和认知既彼此独立，又相互关联、相互影响。甚至在知觉系统处理完刺激之前，评估就已经开始了。大脑在确切知道某物是什么之前，很可能就已经知道它是好事还是坏事了。

当然，记忆对此也至关重要。正如多项实验显示，健康的被试可以做出许多正确决定，却意识不到这个决定是如何做出的。很明显，情感在这里控制了直觉。患有额叶综合征的被试则经常在此类实验中失败。

被研究得最充分的情感是恐惧和焦虑。这些情感被认为旨在触发逃跑反应，提高行动速度，使人们集中注意力。在人类还是狩猎者和采集者时，面临着更大的环境危险，这种情绪反应无疑在生存中发挥了重要作用，我们从中也自然受益匪浅。

然而，由于恐惧会降低大脑的工作效率，因此这种情感也会带来问题。恐惧时，大脑只专注于处理引起恐惧情绪的情况，而把所有其他事实问题放在后面。因此，恐惧会导致一个人不再能够理性地处理问题并做出适当的决定。即使是截止日期带来的压力，也会使大脑的工作陷入停滞。害怕做出错误决定的人，偏偏更有可能做出错误决定，而如果他们只须毫无顾虑地进行考虑，反而好很多。但是，在恐惧时镇定地思考是很困难的，因为恐惧建立在一种学习过程的基础上，而这种学习过程很难通过理性加以控制。一旦人们感到自己要被抛弃、感到无助，恐慌就会产生。因此，没有外界的帮助，许多人没法摆脱让他们感到危机迫近的环境。

大脑如何处理情感

如果一个事件涉及强烈的情感，如婚礼或忌日，那么这个事件比那些带有较少情感的经历在我们大脑中的锚定要清晰得多。大脑中存在初级感觉区，伴随着我们看到、听到、尝到、闻到或感觉到，这些区域会被激活。然而，这些初级感觉区只是以完全客观的方式反映我们所感知的感觉。一个视觉印象，如壮丽的日落，哪怕它再令人目眩神迷，也只有在其他大脑区域共同活跃起来时，才能成为深刻体验或具备特别之处。

与这些感觉区域相邻的通常是被称为"联想中心"的区域，它们对所看到、听到、尝到、闻到或感觉到的事物进行初步联系或解释。例如，感受到触摸时，联想中心会去解释，这是伴侣在温柔地挠痒痒，还是一只大蜘蛛在脖子上爬来爬去；看的时候，联想中心会去解释这次看到的东西有没有什么特别之处。一旦达到一定的阈值，大脑就会活跃起来。大脑中有许多区域只是为了使我们经历的事情变得更重大或更有意义。单纯感知到一种声响或音调无足轻重，重要的是与某个音乐片段紧密联系在一起时的欣喜感。

大脑中最著名的处理情感的器官是杏仁核，它成对存在，分列左右。这里受到严重损害的患者的情绪感受性会降低。他们不再能体会深刻的感受。杏仁核处理传入的信息，完成了将其处理成体验的第一步。杏仁核与大脑的许多结构相连，这些深入其他区域的连接，使得递质物质的分泌增加。

于是，压力激素被大量释放，或者提升我们幸福感的激素被大量释放，如有助于人们建立信任感的催产素。种种兴奋的混合物最终导致在某个特定的场景中，对一个非常普通的物体（或其细节）的观察，会突然使观察者产生一种体验。

本章关键点

☆ 人的大脑由周边环境塑造。大脑中的所有受体系统共用一个基本设计图。

☆ 人们具有五种以上的感官，这已经是科学共识。但是不能成为共识的是，应该如何定义和描述它们，在视觉、听觉、嗅觉和味觉方面已有共识。身体感知的感觉服务于身体和我们内心的信息交流，内容感知的感觉旨在解释其他感官的感觉并赋予它们意义。

☆ 所有的感官协同工作。因此，我们看到什么，也会被我们尝到什么或闻到什么影响。而且，由于所有感官共同工作，因此它们也应该一起被训练。

☆ 感觉属于一种内部感知，大脑和身体都处理这种感知。另外，情感是对内容感知的评估辅助，它会引发感觉。

我们的感知不是对现实的真实反映，而是为了纠正和补充我们关于世界的既有观念，并控制我们的行为。在身体和心灵的互动中，感知使用的是身体的能量，在大脑中消耗的能量则较少，因为大脑只检查传入的信息是否合理，其来源是否值得信赖。

如果信息合乎我们的既有观念，大脑就可以继续坚持它对世界的看法。与不断地重新反思相比，去感知，明显是更节能的办法。但这也是把双刃剑，如果大脑不去审视看似熟悉或已经被感知的内容，就会发生所谓的认知偏差。

03
CHAPTER

第 3 章

当知觉引导我们误入歧途时

认知偏差指的是一种反复出现的错误倾向，即在先前的知识基础上结合感知得出不正确的判断、评价和预测。这些偏差会影响我们的决定和对新信息的处理，影响我们对风险和机会的评估，影响我们对自己和他人的评估，影响我们对想法和事物的评估。作为自我影响的一部分，我们应该学会识别和避免认知偏差。

锚定效应使我们的思维受到束缚

最著名的认知偏差之一是锚定效应。丹尼尔·卡尼曼（Daniel Kahneman）在这方面做了大量的工作，并在许多实验中证明了其有效性。

如果给实验的被试展示学龄前儿童的照片，要求他们估计孩子的年龄，他们很可能会给出 2 ~ 5 之间的数字。如果你向另一组被试展示高中生的照片，让他们猜测学生的年龄，他们则很可能会给出 14 ~ 18 之间的数字。

紧接着，两组被试得到第二个问题："有多少位美国总统在任期内死亡？"正确答案是八位。但几乎没有人知道这个问题的正确答案，因此只能猜测。那些估计学龄前儿童年龄的人比那些估计高中生年龄的人倾向于回答更小的数字。

这就是锚定效应的关键所在：在对数值进行估计时，我们会不知不觉地被过往情况中的数字所影响，哪怕这些数字与要估计的数字没有任何联系。这种启动效应不仅在心理学实验中被证明，而且在日常实践中也得到证明。如果我们几年前以某一价格买入股票，这个价格代表我们的锚定价格。如果目前的价格低于我们买入的成本价格，我们将难以承受卖出带来的损失。对我们来说，入市价格是我们想要坚持的锚定价格，也是我们想要至少拿回来的价格。

　　另一个导致我们做出错误决定的锚定价格是制造商的建议零售价。我的经销商给我提供了同款电视机，比建议零售价便宜了20%。我的奖励系统说，占便宜了，立即购买！当然我通常也会买。之后我才意识到，商店里没有一件商品是按制造商的建议零售价销售的。我甚至可以用比建议零售价低30%的价格买到这台电视机。因此，如果你总是依赖于参考某些特定信息，却不去审查这些信息到底有没有相关性，那么锚定效应就会生效。

　　因此，在所有价格谈判中，最初提到的数字起着决定性作用，即使是荒谬的数字，也能在不知不觉中产生影响。例如，在一项实验中告知被试"圣雄甘地"活了 100 万岁，甚至这种荒谬的数字也影响了他们后来的估计。

我们的建议：

　　作为买家，如果你想引导卖家考虑更低的数额，可以给他讲一些小故事，故事里出现一些较小的数字，来为讨价还价定个调子。比方说："你能想到吗，今天我在市中心居然只用了 2 分钟就找到了停车位。"或者，"今天我之所以这么快就来了，是因为我妻子（或丈夫）替我照顾我们的 3 只猫。"无论你要买的是什么，你和销售人员现在都会不自觉地记住 2 或 3 这些数字。

当然，作为销售的话，你就得反其道而行之。让买家吃个惊，告诉他："信不信由你，刚才有位买家来了，买了一台 7 000 欧元的电视机。"就算买家最终只是不买 600 欧元的电视机，而是买了 1 200 欧元的，对你来说仍然有好处。

顽固不等于强大

在锚定效应中，我们有一个不想放弃的外部参考点，而固执的根源在于我们自己。我们不会放弃已经采取的立场，因为我们担心这会被看作软弱的表现。但也有可能的是，固执只是因为我们未能察觉正在发生的变化。

当然，习惯也功不可没。我们一直以来都这么做，现在为什么要换个方式？在很长一段时间里，铁匠不愿意相信汽车的胜利，船厂继续建造帆船而不是蒸汽船。在很长一段时间里，德国邮政不愿

意看到，当新的供应商以更便宜的价格进入市场时，他们必须降低
电话费。

> **我们的建议：**
>
> 　　寻找那些发生变化的信息，尝试体会自己的改变和变通，
> 审视自己的过去：你身上发生过什么变化？对你来说，是什
> 么发生了改变，在什么时候，是如何变化的，又是为什么？
> 这些变化是来自内心还是外部？

我们如何被假的替代品引诱

　　如果只有两种类似的产品（A 或 B）可供选择，买家就很难做
出决定。然后，卖家增加供应了第三种产品 C。C 在各方面都比 A
差，在一些方面比 B 差，另一些方面优于 B，所以它被叫作"部分
优胜"产品。买方很有可能选择产品 A，它在各方面都优于 C，即
完全占优势。产品 C 只是作为诱饵来影响买家的购买决定，使其有
利于主打产品。此外，产品 C 更有可能导致买家做出购买决定，而
不会犹犹豫豫地离开商店。

　　在一家家用电器商店，人们测试了这一效果。店里放着三台咖
啡机可供选择，其中两台在价格和特定功能等特性方面是真正的选

项，第三台是"部分优胜"产品。于是主打的咖啡机被卖出去了，当然它的价格也比其他两台的高。

我们的建议：

　　每次购买前请谨慎思考，到底哪些功能对你重要，然后按照这个标准挑选产品。识别出诱饵，排除它。

选择悖论：当我们受够了"太多"

　　有一定量的选择是好的。但是，当人们不得不从过多的备选方案中做选择时，就会不知所措。太多的选择显然会导致人们宁愿不做决定，省得做出错误的决定。此外，这些选项之间的差异也的确难以辨认。

　　一家超市让顾客免费品尝不同果酱的味道。当有 24 种不同的果酱可供选择时，60% 的顾客品尝了果酱。但只有 3% 的人买了一瓶。然而，如果只有 6 个品种，虽然只有 40% 的人尝试过，但有 30% 的人买了一瓶。

我们的建议:

当我们准备上网查查自己打算买的产品时,面对浩如烟海的选择,你就会一再感受到自己迷失了方向。面临海量选项,我们首先考虑的是,我们要借助哪些选择标准呢?究竟什么才重要?价格、品牌、功能还是快递速度?这样我们就能把选项的范围缩小,更容易做出决定。

故事效果包装了核心信息

人类的大脑喜欢故事。今天,几乎所有的东西都被包装成情感故事或哲理故事。这可能会导致我们的认知偏差,影响我们的决定。

广告尤其利用了故事效应。这在电视或互联网广告中尤为清楚。今天,仅仅强调产品的优势已经不够了,还要讲一些与之相关的小故事,这样广告的效果才更好。一些公司甚至对刊登在杂志上的汽车广告也使用讲故事这招。你可以看到几个女性在令人兴奋的建筑环境中自拍。她们显然是开着一辆越野车来到这座城市,而不是开着它穿过荒野,虽然她们完全可以这样做。

> **我们的建议：**
>
> 发现隐藏在情感故事背后的信息，不要受其影响。通常这些信息就是简单直白的"买我"。所以，请理性观察世界，即使这并不容易。

没有人喜欢等待，现在总比以后强

基本上，人们更喜欢即时的奖励，而不是那些他们以后才会得到的。就算以后的回报会比眼前的回报高，也并不重要。然而，如果两个奖励的时间点都被推迟到未来，人们对两个奖励之间的时间差会有不同的评估方式。

当被试面临两种选择：（1）他可以立即收到一张 5 美元的代金券；（2）他可以收到一张 40 美元的代金券，但这张代金券要在 6 周后才可以兑现。大多数被试选择了立即收到奖励。在其他实验中，被试被要求决定他们是愿意今天得到 100 美元还是 3 年后得到 200 美元。大多数被试选择了立即支付的方式。然而，当涉及 3 年内收到 100 美元还是 6 年内收到 200 美元时，6 年期的选项则更受欢迎。

时间偏好不仅在奖励方面起着重要作用，在储蓄方面，时间偏好也有着极大的影响力。一笔款项是否实际增长，如果不考虑严重的经济危机，通常取决于许多未来因素，包括通货膨胀率、税收制度的变化或货币汇率，因此，大量的不确定性导致未来什么事件会起决定性作用。

我们的建议：

当你决定是否需要储蓄及如何储蓄时，对未来的预期尤为重要。人们对未来事件出现的可能性的判断可以截然不同。不过，重要的不仅是外部事件，还包括你对当前和未来的自我的感知。你把预期和经验结合得越紧密，你对未来的结果就会越满意，即使未来并没有和预想一致。

重复如何成为真理

与第一次听到的新信息相比，已经听过或读过的信息更容易被视为真实。鉴于"物以类聚"的原则，大脑从现有的环境中一再确认既有的图像，我们的观点也因此一再被巩固。这就是为什么在新闻和广告中，不断渗透强于提供改变。

例如，广告向我们做出某些承诺，不管这是关于床垫还是非处方药物的广告，只要这些说法不断重复，我们就会更好地记住它们，最终可能会相信这些信息是真实的，但这仅仅是因为我们记住了它们。

我们的建议：

一方面，保持警惕，即使是不断重复的信息，也不一定符合事实。另一方面，你完全可以使用并一再使用类似"我能办到"这样的充满力量的暗示，来激励自己。

坚持错误的决定并不值得

如果我们已经投资了某件事，我们往往会继续下去，并进一步投资，即使情况在此期间发生了变化。这是因为，我们总是努力使自己和外部世界看起来一致和可信。

有些人的印象是他们拥有一辆所谓的星期一汽车①。星期一汽车可不是指在星期一生产的汽车。通常一再发生的情况是，由于生产地点或生产工艺的不同，某一时期生产的某一型号的车辆并没有达到质量标准。

如果你在购买新车不久后发现毛病越来越多，在某些情况下你

---

① 星期一汽车指有瑕疵的汽车。——译者注

可以退货。如果是辆二手车，情况通常会更复杂。第一个缺陷可能仍由经销商修复，有时他们也负责修复第二个缺陷。

但接下来就是你必须自己支付维修费用的时候了。你不断投资于自己的汽车，因此错过了再次出售汽车的合适时机，即使当下没有发现新的毛病，车辆也能完美运行，你也不出手。很多人这样说服自己：到现在我投资了这么多，才让这辆车开得这么好，如果我以市场价格出售，那么所有的维修费用就都亏了。而这种想法恰恰可能是一个错误。

我们的建议：

花在维修上或其他投资上的钱，如投入股市的钱，都不可能通过追加投资而索回。如果可以预见到某件已经用过几次的家用电器又将面临大修，花费不菲，那么你应该考虑，买件新的来替换它。同样，那些只跌不涨、回本无望的股票，也该卖了。

有时，我们也在关系和理念上投资。对于这些投资也是一样，不要太早放弃，但是要好好辨认那个时间节点，一旦超过这个节点，"继续持有"就不再划算了。

坚持信念，即使它们是错误的

人们坚持自己的信念和世界观，哪怕新的信息与之矛盾。这些新信息要么被重新解释，要么被完全忽略。即使有人知道并理解某个说法或故事纯属虚构，他们也还是倾向于继续相信它。

许多实验表明，人们在得知一项所谓的科学研究其实是基于伪造的数据之后，仍然相信其结果是真实的。

> **我们的建议：**
>
> 改变视角，尝试从不同的角度观看事实。收集两方面的论据，既要看支持一方的观点，也要看反对一方的观点。如果你还愿意坚持原观点，那么至少要在元层面做出这个决定。

事后的辩解倾向使我们认为自己更站得住脚

如果谁买了没用的东西，或者做了一个错误决定，他就会在事后给自己开脱并寻找理由。这是因为，他认为自己总在努力做正确的事，不犯错误。此外，他希望周围的人认为他的行为是理性和可靠的。可惜的是，他在决定之前和决定期间的所有期待和设想都没有实现。所以他试图寻找更多其他可以支持那个决定的理由。

当我们冲动购物时，往往会购买不必要的、有问题的或价格过高的产品。例如，尽管衣柜里堆满了衣服，但我们又买了件衣服。
当我们意识到错误时，我们就会重新评估所购买的产品的意义。这
样一来，我们就减轻甚至摆脱了负面情绪。

> **我们的建议：**
>
> 可以通过把产品卖掉或送人来摆脱错误的决定。这些对你
> 来说不再有用的东西，很可能让别人开心、满意。

我们期待自己记忆中可用的东西

我们认为某件事比实际情况更有可能发生，因为它在我们的记
忆中可供调用，我们很快就能想到先例。这可能是我们记得自己经
历过的事件，然后把它投射到现在或未来。或者是我们曾听到、读
到或谈到这些事件，并超乎寻常的频繁，因此这些事件在我们看来
是真实的。

心理学家阿莫斯·特沃斯基（Amos Tversky）和丹尼尔·卡尼
曼询问他们的实验被试，特定字母是更多地出现在单词的首位还是
在第 3 位。几乎所有人都说，以这些字母开头的单词明显更多。这
个答案是不正确的。原因可能是我们更熟悉以这个字母开头的单
词，而不是这个字母位于第 3 位的单词。

任何见识过强大雷暴的人都认为雷暴发生的可能性极高。然而，实际上德国的此类风险却很低。媒体当然在这里面也发挥了重要作用。让我们一次又一次地读到、听到洪水或空难等极端事件，因此我们往往高估空难发生的频率，低估心脏病发作的频率。

这种"可得性偏差"在医学诊断中也存在。医生会首先做出在他看来最具有代表性的诊断。

> **我们的建议：**
>
> 如果你意识到了可得性偏差，就可能避免错误。不要执着于极端事件和偶发事件，要更加信赖具体的统计结论。乘坐飞机去度假时，完全不需要恐慌，这比交通事故发生的概率还要小。

火鸡错觉：事情总是保持原样

火鸡错觉指的是一种倾向：任某个趋势继续下去，不去质疑。这一趋势持续的时间越长，人们感到的安全性就越大。趋势的断裂总是突如其来，而它带来的冲击也很大。

火鸡错觉指的是这只火鸡从出生那天就有的认知。起初，一个人到来，火鸡担心他要杀自己。但这个人从那时起每天都喂它。由此，火鸡推断出这样的预言：事情将一直如此，而它感到很安全。即使在感恩节的前一天，火鸡也得到了它的食物，并毫不怀疑明天依旧。可是它错了，它经历了迄今为止的好生活中最糟糕的趋势断裂，因为它不知道，美国的传统就是在感恩节吃烤火鸡。

我们的建议：

　　股市上的箴言"趋势是你的朋友"正在日益失去意义。与之相反，我们在经济领域发现了越来越多的破坏性科技，这是指那些令现有技术的一系列成功突然断裂的创新。带触摸屏的智能手机逐步取代了按键手机就是例子。你要意识到，巨大的改变也在越来越多、越来越快地发生。

犹疑不决时，我们宁愿什么都不做

　　如果一个人必须决定是否采取某种行动，并知道做与不做都有风险，他会主观判断采取行动的风险高于不采取行动的风险。

　　这种不作为效应有一个常被引用的例子，就是反对接种疫苗的人。父母必须决定他们是否要让孩子接种疫苗。众所周知，不接种疫苗和接种疫苗都存在一定的风险，因而有必要对这些风险进行权衡。反对接种疫苗的人主观地估计接种疫苗的风险更高。

> **我们的建议：**
>
> 需要决定行动与否时，请你试着获取更多信息。

权威效应：这取决于外表

我们倾向于盲目听从权威人士的指示。他们的外表让我们认为他们既有能力又可信，即使他们事实上并非如此。

实验表明，医院的护理人员把穿着医生外套的人视为权威，并听从他们的指示，哪怕只是在电话里假扮医生，就足以让人按他们的吩咐做事。

诈骗人员常假扮权威人士出现，以骗取老年人的钱财和贵重物品。甚至没有必要穿着某种警察制服按门铃，通常情况下，打电话的人只需自称警察，并警告受害者他即将被抢劫或遭遇入室盗窃。他要求受害者准备好所有贵重物品，因为警方会派人取走它们并带到安全地带。让人轻信的不仅是权威，还有对损失的恐惧。

不幸的是，许多老年人都上当了。他们没有向警方核实该电话是否真实。

> **我们的建议：**
>
> 　　与他人接触时，我们必须一遍遍询问自己：他们真的具备
> 自己表现出来的那种能力吗？要质疑每个细节。

对等性：以彼之道，还至彼身

　　如果谁赠送我们东西或提供帮助，我们也会赠送他们东西或努力帮助他们。

　　捐赠组织尤其依赖这种效应。他们给我们一点东西，如圣诞贺卡或一支笔，希望我们能满足他们的捐款要求。或者超市给我们提供样品，目的是让我们觉得有义务购买这种产品。

邓宁－克鲁格效应：一知半解很危险

　　能力较差的人往往高估自己的技能和知识，而低估他人的技能和知识。可以说，一个人越无能，就越高估自己。而那些完全无能的人甚至认识不到自己的无能。康奈尔大学的社会心理学教授大卫·邓宁（David Dunning）说，无能的人高估自己，因为他们不知道自己不知道什么。

　　1999 年，邓宁和他的同事贾斯汀·克鲁格（Justin Kruger）发

表了一篇有关他们研究的科学论文。他们发现，人们难以认识自己的能力水平，这导致了超出平均数量的人都会高估自己。特别是在阅读、写作、驾驶或下棋方面力有不逮的人，往往高估自己在这些方面的能力，同时低估他人的能力。

邓宁认为，如果某人不称职，那么他甚至对自己的无能一无所知。找到问题的解决方案所需的技能与识别正确解决方案所需的技能相同。邓宁与他的同事卡门·桑切斯（Carmen Sanchez）进行的另一项研究发现，特别是那些"半吊子"会倾向于高估自己。初学者仍然以尊重的态度对待一项任务，因为他们知道自己缺乏必要的知识。得到头几次的经验后，他们就高估了这些经验，也开始高估自己。不过，随着后来他们经验的增加，这种倾向会减弱，直到实际能力和自我感知力之间的差距缩小。

1995 年 4 月，一名男子抢劫了宾夕法尼亚州匹兹堡市的一家银行。他没有戴面具，因此在监控录像中很容易被认出。这些照片在电视新闻中播出，银行劫匪也很快被逮捕。他惊呆了，据他所说："但我脸上擦满了果汁呀。"他用柠檬汁擦了擦脸，坚信这样监控就看不到他的脸了。

> **我们的建议：**
>
> 　　在跟自己信任的人谈话时，可以试着去发掘他们对你的看法。如果得到了对方真诚的回答，请表达感激，不要反感坦诚的话。

偏盲：众人皆醉我独醒

　　偏盲是指人们倾向于认为自己不受影响，认为自己的行为是客观的，而其他人则被认为受到影响。

　　在对 600 多名美国人的调查中，超过 85% 的人说他们的偏见比普通美国公民少。只有一位受访者说他比一般人更有偏见。

> **我们的建议：**
>
> 　　承认你的思维也是建立在外界影响的基础上。

控制错觉：你不能影响一切

　　客观来看，你其实没法影响一些事件，而你却假设自己可以通过行为控制或影响这些事件。这其实在大多数情况下都只是巧合。

　　一些人认为，如果彩票号码是自己选择的，那么他们的中奖概率就会更高。在掷骰子游戏中，如果人们想要一个 6，他们就会更用力地投掷骰子，而如果需要一个 1，他们就会在桌子上慢慢滚动骰子。

许多电梯里"开门－关门"的按钮并没有任何功能，但我们总是习惯性地一次又一次按它，我们坚信门会对我们的操作做出反应。行人交通灯的通过按钮也是一样的。然而，在许多大城市，交通灯是由电子集中控制的。这个按钮没有任何功能，只是引导人们按下之后再等待一会儿。

我们的建议：

我们要接受自己不能控制生活的全部这一事实。专注于那些你的确要控制并能控制的事情。

所有权效应：属于我们的物品是有价值的

比起那些还需争取的物品，手中已经拥有的物品在我们眼里显得更有价值。由此可见，对于同一件商品，支付意愿和销售意愿是不同的。假如有一个纯粹的理性人，对他而言这两者本该相同。

在一项实验中，丹尼尔·卡尼曼给一组被试每人一个杯子，询问他们愿意以什么价格再次出售杯子，第二组被试则要说出他们愿意为这些杯子支付多少钱，数字应在 0.25 美元和 9.25 美元之间。结果，杯子的平均销售价格为 7.12 美元，平均购买价格仅为 2.87 美元。

在房地产方面，所有权效应尤其普遍且被大量应用。土地、房屋或公寓的所有者（作为卖家）往往要求比实际市场价值高的价格。如果卖家收到自己想要的报价，则会有一种不好的感觉，认为自己要价太低，低于土地、房屋或公寓应有的价值。

我们的建议：

当你想购买或销售什么时，要尝试切实评价商品的市场价值。如果想购买不动产，应当请专业的人来评估，或者与本地的其他待售房产进行对比。如果要销售什么，要到相关平台上查看市场价格如何。

宜家效应：自制的更珍贵

如果我们自己设计和生产了物品，或者至少是自己组装了物品，我们就会更重视物品的价值。

在一项实验中，丹·艾瑞里（Dan Ariely）让被试制作折纸人物。然后被试被要求说明他们愿意为自己的作品支付多少钱，为他人的作品支付多少钱。所有人都认为自己的作品比其他人的作品更有价值。

我们特别喜欢自己做的物品，即使我们只是自己组装了货架和橱柜，就像宜家家具那样。我们很乐意干这活儿，但不是因为待组装的家具价格相对更低，而是因为我们对之后的成品更加满意。艾瑞里和他的同事还在一项实验中发现，只有在自己的工作被冠以成功之名的时候，被试才会对自己的工作评价更高。

我们的建议：

宜家效应其实还不错，为自己亲手制作的东西而开心是理所当然的，但是不要认为他人也会同样开心。所以在把自制的东西当作礼物送人的时候，请多想想。

NASA 效应：只有自己的想法才算数

人们倾向于高估自己的想法，并坚定不移。外来的想法从一开始就被拒绝，并且人们不会对其进行检查和评估。即使是公司和组织，也倾向于忽视外来的、已经存在的知识。同样，他们的团队或部门之间往往缺乏内部知识交流。

在美国宇航局的阿波罗计划中，人们认识到各部门之间的沟通不够充分，也没能利用外来经验，以确保宇航员的安全。因此，一些不隶属于任何部门的新职位被设立。这些人被赋予的任务就是在不同的部门之间交换信息。据说这对美国国家航空航天局项目的可靠性产生了积极的影响。当时设立的新职位今天仍然存在。

> **我们的建议：**
>
> 从一开始就忽视外来的知识和他人的想法，这是需要提防的。不要高估自己的能力和知识，也不要向他人隐瞒。

只要没有损失

人们对可能的损失的厌恶要大于对可能的收益的期望。人们因而往往意识不到收益，因为人们想避免以后可能发生的损失。这种对损失的厌恶在股票交易方面最为明显。大多数人不会在股价最低时买入，而只会在价格上涨时买入。然而，一旦股价上涨到一定水平，股票就不会再被出售，而是被持有，因为人们希望价格进一步上涨，人们会认为以较低的价格出售股票是一种损失。

许多股民只有在股票价格达到最高价后再次下跌时才会出售股票，因为他们担心进一步的下跌。由于他们是在价格上涨时买的股票，因此现在的价格低于购买价格是很常见的。出于这个原因，他们一开始还是会把下跌的股票保留在他们的投资组合中，直到价格下跌到对进一步损失的恐惧大于价格再次上涨的希望，他们才会出售股票。

实际情况往往是在出售股票后不久，股价又会回升。这就是古老的股票市场规则发挥作用的地方："来回走动，口袋空空"。

为了向学生生动地展示对损失的恐惧和由此产生的行为，一位大学教授决定拍卖一张 20 美元纸币。然而他制定了一个非常特殊的规则：这张纸币归出价最高的人所有，但出价第二高的人也必须付款。

拍卖会开始得很顺利。一个人出价 1 美元，下一个人出价 2 美元，然后出价是 3 美元，再是 4 美元。当拍卖价格达到 12 ~ 16 美元时，大多数学生都明白现在是停止竞拍的时候了。因为如果你出价过高，你将不得不浪费金钱而得不到回报。

通常会剩下两个投标人，他们无论如何也要避免损失。如果出价最高的人为 20 美元的纸币出价 20 美元，出价 19 美元的人则迫于规则，不得不出价 21 美元。损失 1 美元仍然比损失 19 美元容易承受。但另一个人也是这样认为的。损失 2 美元总比损失 20 美元好。据说这位教授的 20 美元纸币的最高价格，如果资料可信的话，是 400 美元。顺便说一下，这位教授没有把这些钱放进自己的钱包里，而是捐给了慈善机构。为了避免人们认为只有大学生才会这样

"搬起石头砸自己的脚"，同样的拍卖活动也在经理人讨论课上举行了，结果怎么可能有变化呢，结果当然一样。当涉及损失时，商业界的领袖也难免受到损失厌恶的影响。

> **我们的建议：**
>
> 　　做出决定之前，不要只想好的结果，也要考虑不好的一面。这场 20 美元拍卖会的后果是可以预见的，但是贪婪遮蔽了理智。购买股票和基金份额时，你要注意"佣金猎人"。永远记得问问自己：谁赢了，谁输了，谁挣钱了？读合同的时候也要注意那些小字，好好读读。不懂的生意不要做。

这笔钱真可惜

　　那些做出错误决定并因此遭受损失的人通常会花大量时间来后悔这种损失。这可能很痛苦，但已经无法改变了。尽管这样，这个错误的决定并不容易被抛诸脑后。

　　这可能是因为以下事实：负责损失的疼痛中心比奖励中心更持久地工作。当奖励中心早已开始寻找新的任务时，痛苦中心只有在更大的损失发生后才会遗忘。这就是为什么人们不能像害怕损失一样享受收益。

> **我们的建议：**
>
> 　　生活中无法避免损失，有些事比金钱更重要。如果确有理由值得哀悼，可以试着使用符号和仪式，以此来表达你能把这一灵魂的重担剥除。

琐事法则

　　新的预期理论中关于认知偏差的一种假设是，人们在小决策上花费的时间大得不成比例，而在大决策上花费的时间小得不成比例。早在 1980 年，行政学教授诺思科特·帕金森（Northcote Parkinson）就在他的书《帕金森的新法则》（*Parkinsons neues Gesetz*）中阐述了这一点。他的琐事法则是：在议程的一个项目上花费的时间与所涉金额的大小成反比。

　　帕金森举了一个例子，在一家大公司的董事会会议上，董事长和 10 名董事会成员必须决定是否建造一个需要花费 1 亿英镑的新工厂。他们中的 4 个人甚至不知道工厂是如何运作的，另外 3 个人不知道它是用来做什么的。在剩下的 3 名董事会成员中，只有 2 人知道这样的工厂能花多少钱，其中一人想把几个私人朋友带入这个行业，被拒绝了，而最后一人根本不想向其他人解释这一切。因此，新建筑在 15 分钟内就获批了。

议程的下一个项目是决定是否在主楼后面为员工的自行车建造一个车棚。费用为 3 500 英镑。本议程项目讨论了一个半小时，然后休会。毕竟，每个人都有自己的想法，那就是自行车是什么，以及如何在白天合理存放。

帕金森讲的故事非常有趣，但不幸的是，它对应的是我们每天做决定时发生的事情。我们知道钢笔能做什么，它应该是什么样子，应该是什么价格。这就是为什么我们在文具店做决定是如此困难。而个人计算机的技术说明书对大多数人来说是一本"天书"，所以一旦有限时特价，他们就径直走进了折扣店。大多数情况下，花在这个决定上的时间可能比购买钢笔的时间短得多。

> **我们的建议：**
>
> 认清楚一项决策实际的、未来的意义。如果觉得做决定很难，那么决定的主题很可能并不那么重要，也不会影响我们的心情。

过度自信是错误的来源之一

自信和自知是相辅相成的，都基于积极的奖励系统、稳定的情感系统、知识、技能和积极的经验。两者都应该足够高，以便人们可以安然无恙地度过一生，但又不至于高到与现实失去联系。

过度自信通常基于人们对自己能力和判断力的高估。这方面的一个很好的例子当然是每年在阿尔卑斯山上必须出山地救援服务机构救援的众多游客。他们穿着人字拖和 T 恤衫，进入那些只有在装备良好的情况下才能应对的山区。他们不仅低估了地形和天气的困难，还高估了自己的体能。这种错误的决定往往导致骨折和冻伤，有时甚至导致死亡。

当然，也有一些日常生活中的决定，同样基于人们对自己能力的高估。只要想想那些自以为是的工匠，他们认为自己很清楚电线的位置，结果却用电钻使整栋房子的电力供应瘫痪，或者那些业余建筑师，他们先是把廉价购买的建筑物的屋顶毁掉，然后才意识到地基墙、墙壁或天花板都立不住了。高估自己能力的例子可以一直列举下去。

人们也经常高估自己对未来的把握。工作到底有多稳定？应该在巨额抵押贷款的帮助下购买房子，还是应该等待并继续储蓄？

过度自信也基于这样一个事实，即我们对可能的竞争对手的能力和行动的评估低于实际情况，不管只是一个小晋升还是申请另一个雇主的新工作。许多人认为他们自己获得相应职位的机会很大，却不知道那些与他们竞争的人的任何信息。

> **我们的建议：**
>
> 如果你想让你的感知更敏锐，试着更好地了解自己。

恐惧和无能为力如何扭曲我们的认知

那些患有恐惧症的人，如蜘蛛恐惧症，都认为这些动物比实际要大，而且他们常常认为蜘蛛的动作是针对他们的。

无力感和无助感也扭曲了我们的认知。得克萨斯大学的珍妮弗·怀特森（Jennifer Whitson）进行了一项研究。在实验的第一部分，被试必须体验到他们不具备解决某些问题的技能。在实验的第二部分，被试在随机图案的区域中识别出了某种规律。显然，大脑在无能为力的情况下有创造秩序的愿望，即使这些结构只是想象出来的。另一个有趣的发现是，感到无力的人也更容易受到阴谋论和迷信的影响。

人们总是试图对他人施加影响。在人类的历史进程中，一切可能的手段都百无禁忌——从酷刑和威胁，到修辞和逻辑推理，再到现代的激励方法和销售心理学的应用。

04

CHAPTER

第 4 章

**知觉应用在现实世界中编织了
覆盖所有的大网**

人们发现，就结果而言，诉诸情感而非诉诸理性才能带来最大的成功。对商家来说，最好的结果往往是通过让人相信而不是胁迫来取得的。如果一个人在做某事时，同时获得良好的感受，他就会很乐意再做一次。

神经科学发现，大脑里有某种中央开关，它是你必须触摸到的总开关，即奖励系统。对大脑来说，最乐意做的事莫过于奖励自己的思考和决策。然而，直到今天，我们还是没能搞清楚：为什么这个奖励系统在一些情况下会被激活，另一些情况下则不行。可以肯定的是，神经科学必然要比单靠营销心理学提供的答案更清晰、更好。

➲ 内在现实：一个复杂而彻底的主观构造

神经生物学家亨利·马克拉姆（Henry Markram）说："每一个外部刺激，每一个感知，每一个想法都会影响大脑。它在不断变化，而它以何种方式变化取决于我们的行为。"我们的大脑里有一个关于周边事物的内在模型。大脑将这个内在模型与我们感知到的内容进行比较，以减少预测误差，并优化我们的内在模型。这一点我们已经阐述过了。

这里的关键是内在现实的性质。它是一个复杂而彻底的主观构造，既包括我们此刻正在经历的事情，也包括我们的记忆、经验和期望。因此，我们内在现实包含的内容比我们周边环境中的事物多得多。

我们的年龄越大，内在现实就越复杂，因为我们不断地增加新的经验，也能记住早期的评价和期望。然而，这些丰富的经验通常停留在我们的无意识中，它可能占据我们储存的知识和思维能力的99%。只有 1% 被当前的观念和思维过程占据。

关键经历是指对我们与某些人、事或情境的关系产生持久影响的事件。它不一定会在我们的意识中萦绕，但却不断困扰我们。它也不一定被我们或他人赋予什么特殊意义。是的，事件本身甚至不需要具有特殊意义。唯一重要的是相关的人如何将其存入自己的经验宝库，以及它如何与感觉和其他经验产生联系。

并非每一个激烈或戏剧性的事件都必须成为关键经历，日常生活中的平淡之事也可以是一个关键经历。

一个关键经历往往可以沉入无意识中数年甚至数十年，并仍然在那里产生影响。但突然间，当前的经历就像一把钥匙插入锁眼里，意外地打开了一扇关闭已久的门。

例如，当我们想到一个自己在青年或童年时就认识的人，根据我们自己的年龄，映入脑海的种种细节记忆或许已经有 50 年之久了。无须干预，新的记忆将会出现，这些新记忆是我们过去几十年里处理当前这种情况时从来不会需要的。

雪崩效应使旧有的记忆浮出水面

然而，这些记忆在我们的脑海中占有一席之地，就像雪崩一样，一个单一的事件引发一连串回忆，或者在这种情况下，一个单一的记忆成为越来越强烈的意识活动，这就是雪崩效应。我们突然有一种感觉，如果我们想详细地记录下想到的、与这个想法有关的所有内容，我们可以写一整本书来介绍这个人或我们正在想的事情。

如果一个朋友在接下来的几天里过生日，我们可能会记起——例如，他或她多年前开的是什么汽车。我，弗里德黑尔姆·施瓦茨，想用我的一段记忆来证明这一点。我首先想起，再过几天就是这个朋友的生日了。突然间，我想起他在 20 世纪 70 年代曾开过一辆棕色的大众甲壳虫汽车。冬天，他的这辆车在诺德海德的一条湿滑的道路上发生了事故，放在后座上的几瓶红酒被打破了。

这个事件与他的生日一点关系都没有。尽管如此，新的思想窗口又立即打开了。我想到自己曾经拥有一辆大众甲壳虫汽车，以及我开这辆车去了哪里。我也可以根据"诺德海德"这个词，思考我在那里经历过的事情。例如，我们有一次在那里进行班级旅行，采摘蘑菇。然而，其中一只蘑菇是苦的，破坏了整顿野餐。

　　我希望以这些思维过程为例，来说明雪崩效应的作用。每个人都可以尝试一下，一个念头如何唤醒下一个念头，使其从无意识中被唤醒，并启发所有与之相关的感知。因此，每一个内在的经验都基于外部冲动。每个人都可以尝试一下这个过程。我们不能像魔术师从帽子里拉出一只兔子那样从无意识中变出记忆。如果我们不能在一个思想链的开头进行感知，就不会出现自发的记忆。而这也恰恰是件好事。

　　我们的脑子里储存了很多东西，如果所有这些记忆同时出现，我们会立即生病。1965 年 12 月出生于美国的吉尔·普莱斯（Jill Price）就是这种情况。她的脑子里有无尽的记忆，她记得幼年时期的许多事情，9 ~ 15 岁之间发生在她身上的大部分事情，以及之后的所有事情，没有空白。吉尔·普莱斯，还有其他极少数人，有一个持续存在的传记式记忆。她不断地被现在的事情唤醒她的过去，不仅是生活中的美好或悲惨的时刻，不，她甚至记得最平凡的细节。

　　当餐厅里弥漫着一股炸鱼味道时，她会立即想起她在生活中的什么时候、在什么场合注意过这种味道。她记得谁在那里，天气如何，她穿着什么衣服，一切都记得。而当服务员推荐冰激凌作为甜点时，她立即想起了一个冰激凌甜筒曾经掉在她的新鞋子上，她曾经吃了太多的冰激凌而肚子疼，她的朋友在 20 多岁时在海滩上选了什么口味的冰激凌，等等。全部的回忆在吉尔·普莱斯的脑海中建立了一个永久的、疯狂而混乱的过去，她只能尽最大的努力来面对这些。但她的记忆能力只与她的个人经历有关，她储存事实性知识的记忆能力并不比一般人好，也不比一般人差。这就是为什么她在学校只是一个普通的学生。

无意识的黑匣子无法被打开

我们必须把我们的无意识想象成某种无法被打开的黑匣子。我们不知道它包含什么内容，其结构是怎样的，各部分之间是怎样相互联系的。我们也不知道我们在这个黑匣子里正在想些什么，或者我们正准备做些什么。我们甚至不知道，当我们有意识地思考某事时，这个黑匣子感知到了什么信息。

我们可能知道下一句或下两句我们要说什么，但之后的内容仍然黑暗不明，直到下一个念头闯入意识。无意识忙于处理的内容只有被输出后才能被我们辨认出来，这些被输出的内容也就是有意识地经过我们大脑的内容。而只有通过这种输出，我们才能大概认识到输入了什么。外部影响源只有一个，如果某人看起来是被内部影响的，这并非意味着他不被当前的外部刺激所引导，而是被他先前获得和储存的刺激所引导。

对我们的行为来说，知道它的原理并不重要。只有被试不被告知哪些行为将被研究时，很多关于具体化的实验才会奏效。约翰·巴格进行的许多实验都是如此。例如，被试们被告知，他们正在参加一项消费者调查，来评估一个保健软枕的有效性。一半被试得到了一个暖热的软枕，另一半被试得到了一个冰凉的软枕。在将软枕抱在怀里一段时间后，被试们需要评估软枕的有效性，并说出他们是否会向他人推荐它。

作为参与调查的奖励，被试们可以获得自己喝的软饮料或可以送朋友的小礼物。在测试冰凉软枕的被试中，75% 的人选择了软饮料。那些抱过暖枕的人则有 54% 选择了可以送给朋友的礼物。

给予的东西通常与我们所处的情感状况有关。如果我们刚刚感受过温暖，我们就更愿意传递温暖。我们对他人的信任感也是如此，无论是在恋情、友谊还是商业决策上。一个投资游戏也证明了这一点。

捐赠者们随机拿取温度为 41℃ 的暖枕或温度只有 15℃ 的冷枕。然后要求他们做出决定，准备为一个企业家投资多少钱。抱过冷枕的人的投资意愿明显低于抱过暖枕的人。冷暖体验可以使我们更挑剔或更慷慨，至少短期内有效。

⊃　什么在悄悄地改变和影响我们

经验的要素

自 2000 年以来，脑科学家和营销专家一直在研究哪些广告有效及为什么有效，同时也得到了一些不限于基础研究的实践结果。一开始，脑科学家似乎只是在确认已知的事实，如强势品牌的作用，但现在一种新的心理学正在出现，这种心理学越来越关注广告的个别元素及其隐含的运作方式。

强势品牌之所以有效，是因为它们都诱发了大脑相同的模式。因此，我们必须弄清楚到底是什么在消费者的大脑中形成了这种模式，不管该产品是名牌啤酒还是大牌家用清洁剂，当消费者走进超市时，是什么刺激他们伸手去买这些产品而不是其他产品？是单纯的折扣标志还是其他什么原因？

德国的慕尼黑大学的恩斯特·波佩尔（Ernst Pöppel）教授认为，必须尽可能同时诱发大脑的四个区域，即知觉、记忆、感受和个人意志。

自动驾驶模式控制着我们 95% 的行为

心理学家克里斯蒂安·施埃尔（Christian Scheier）博士提出了

暗示营销理论，因而做出了特别重要的贡献。他先着手研究了以下观点：大脑中有两个系统在工作，一个是显性的、有意识的系统，另一个是隐性的、无意识的系统，他分别称之为"手动驾驶模式"和"自动驾驶模式"。

自动驾驶模式是决定人们支持或反对品牌的最重要因素，因为它不知不觉地控制了人们 95% 的行为。暗示营销理论认为，自动驾驶模式首先解码信息的含义，这个过程分为两步：先要搞清楚它是什么，然后搞清楚它代表什么。随后是信息评估，看看传入的信息对信息接收者来说是否有关奖励。

基本上，大脑总是在一定背景下评价品牌和产品，施埃尔称之为"框架效应"。然而，在识别和评价品牌时，起作用的不仅是环境，还有记忆，施埃尔称之为"印记"。这些都涉及神经科学、文化背景和个人层面。

自动驾驶模式使人能在 1.7 秒内对传入的信号进行解码。因此，信号不仅是刺激，还是对隐性知识的激活。对信号的解码以三种不同的方式进行：（1）感官上的，即某物的外观或带给人的感觉；（2）语义上的，即它的真正含义和代表的意义；（3）情节上的，即它在何时何地与某人产生意义。

这种编码对应不同类型的记忆。信号的意义基于四个载体：感觉系统、符号系统、情节系统和语言系统。感觉系统包括形状、颜色、音乐、声音，以及印象，如温暖、寒冷等。在符号系统里，除了面孔、图形、标志和象征，仪式和场景也占据一席之地。情节系统包括故事和艺术原型等。语言系统是话语、字音和单词的组合。

解码过程不仅发生在产品和广告领域，也发生在我们理解自身所处的场景或参与事件时。

⮑ 对我们生活影响最大的是过往

一个事件的意义随着参与者数量的增多而增长。群体行为不同于个体行为的总和，这令人吃惊。今天，社会科学家们达成共识，认为群体与单纯的多个个体是不同的。许多人会在圣诞节期间去市中心购物，或者在假期开始时乘坐飞机离开家，几周后再返回。但这些人的行为并非群体行为。

感受是会传染的

人群的决定性特征是通过共同的情感状态实现协同。悲伤、喜悦或爱的感觉，就好像"爱的游行"电子音乐节让人们哭泣、欢呼、跳舞。众所周知，感受是可以传染的，这种传染也是可以加以促进的，如一起唱歌。然而，从神经科学的角度来看，这种活动对记忆的强化作用多于对当前思想状态的强化作用。

人群显然有一种神奇的吸引力。**人多的地方就会吸引更多的人**。其中一个原因可能是，自古以来，人们如果做他人正在做的事，就可以证明自己归属于某个群体，以此获取大脑给予的奖励。

但人群也想"释放"，它不会长期保持沉默与静止。这种释放可以是狂热的欢呼、集体狂躁或突然的恐慌。

在恐慌中，有时数百人会被践踏致死，许多活动的组织者都担心这一点。这也是为什么越来越多的研究人员一直在试图探索人类的群体行为。

如动物一样的群体行为

蜂群可以作为一个模型，人群的行为与成群的动物的行为没有什么不同，无论是鱼、鸟还是迁徙的蝗虫。人类组成的"蜂群"也只遵循两个规则。一个是"保持移动"，另一个是"与周围的其他人群保持一定距离"。

实验表明，根据这些规则，群体会自然且非常迅速地出现一种模式，它被称为"环形舞"，这是一种集体围绕中心旋转的华尔兹。

可以说，除非群体中的参与者按固定的序列规则行进，否则看起来群体是有其自身动力的。但无组织的群体怎么办？实验对此进行了研究，结果表明，一旦人群中有 5% 的参与者朝向一个特定的目标，他们就会引领其余 95% 的人跟随他们。然而，如果朝向特定目标的人群数量较少，则对群体没有影响。

其他基于网络理论的研究得出的结论是，人群与蜂群行为的不同之处是，人群的构成也可以起到一定作用。这取决于每个人从众意愿的阈值。如果这个阈值很低，群体行为就会很快升级。如果阈值很高，就会无事发生。

很难预测 1 个人在看到他人捡起铺路石子扔出去的时候是否自己也会扔，还是只有在 100 个人已经在扔石子的情况下自己才会扔。是否会像过去柏林一些地区发生的骚乱，或者像一些足球比赛中导致的恐慌性的逃离，这些都是很难预知的。然而，事实是，大多数人既不想当出头鸟，也不甘做最后一个。群体主要由追随者组成。

不过，重要的是，即使是大众群体，如果群体里有外表与众不同的权威人物，这个群体也是受其指挥的。穿制服的警察、穿黑色衣服的牧师或穿橙色衣服的佛教僧侣，与平民百姓给人的影响力是不同的，但这只对和平活动有效。

群体智慧

但群众并不只是跟随感觉，他们也有自己的智慧，它被称为"群体智慧"。美国的一项实验显示，即使在大群体中，人们也能够做出明智的决定。5 000 名被试坐在一个大屏幕前，屏幕上的飞行模拟器投射出一架飞行中的喷气式飞机。

　　每名被试都可以通过举起彩色卡片控制飞机。一台摄像机记录举牌的数量，并将其转化为对飞行模拟器的指令。5 000 名被试协调得非常好，喷气式飞机没有坠毁，甚至可以无损降落。但即使是这种自我组织也不是没有感情的。共同成功的感受让 5 000 名被试沉醉在喜悦之中。

　　感受和行为会传染的秘密在于镜像神经元。我们知道，**心理健康的人能够与他人产生共鸣，即使心存敌意，人们也不能轻易停止这种共鸣。**

　　通过借助镜像神经元模拟内部行动并预测其结果，我们也可以理解他人的行动意图。使用成像技术的实验表明，镜像现象发生在大脑的许多区域。

　　这些情感共鸣现象几乎不会受理智的影响，即使会，也是有限的，因为这种现象对躲避意识感知的信号有反应。因此，这种共鸣非常快，无须刻意，而且受个体的经验背景影响，它在某种程度上是坚定不移的。

在活动中传递无意识的感受

　　传递是指某人在没有表达的情况下传达一种感受。我们都经历过这样的情况，当我们面对一个人时，突然觉得他对我们有攻击性。这种感受不一定来自我们已知的信息，例如，我们之前不认识这个人或不了解有关他的负面信息。而是我们发觉，这个人显然对我们有侵略性，他正在把这种感受传递给我们。这意味着，我们会反映我们所面对的人的感受。

在各种活动中，无论是新闻发布会还是公司股东大会，如果在观众面前展示自我的人突然注意到对方根本没有反应、反应错误或反应激进，那就非常麻烦了。

想象一下，台上主持人讲了一个笑话，台下却没有人笑。第一次的话问题还不大，但是如果连续发生三次，而且有听众表现出对主持人的失望之情，那么整场活动就会充斥着巨大的尴尬。

从神经科学的角度来看，在任何类型的事件中，传递感受的重要性都不言而喻。只要舞台上站的是训练有素的主持人、演讲者或演员，他们的专业性应该能使他们非常精确地计算和控制他们所传递的感受。

情感冲动难以压制

然而，对那些仅以理性定义其日常状况而不考虑情感因素的人来说，传递感受要困难得多。他们经常试图在活动中压制所有的情绪感受。不过，这样一来，他们反而忘记了"没人可以不交流"的原则也适用于各种面部微表情和话语中的微信号。于是，他们要么就是不断发出矛盾的信号，让观众莫名其妙；要么就是僵硬的面部表情被误解，无法传递自己原本的意图。

也许有些读者还记得大众汽车公司的老板费迪南德·皮埃赫（Ferdinand Piëch），他在试图微笑时总是扭曲他的嘴，以至于他看起来好像下一刻就会咬人一样。不幸的是，没有人能够意识到自己无意识的思想、动机和价值观。所以皮埃赫也不能控制与之相关的信号。

销售人员面部表情中不受控的小细节对买方的影响最大。但现在的问题是，就算销售人员知道这些信号的威力，他们又该如何掌握这些他们在无意识中发出的信号呢？除非他们相应地改变自己的内心态度。但这有可能吗？

推销员、演员总有优劣，也总有让人信服和不太让人信服的政客。优秀的人跟平庸的人相比，肯定是做了一些不同的事，但那具体是什么，通常他们自己也无法解释。如果他们尝试解释的话，也能提出一些逻辑合理的指示，但说到底，对他们行业的平庸之辈并无帮助。

面孔比标志更有效

对与情绪和记忆相关的思维过程来说，面孔比所谓的文字／图像商标更重要。波恩生命与大脑研究所的神经营销研究小组在一家超市进行了以下实验，并在一个电视节目中播出。

在第一个实验阶段，先是播出一个葡萄酒品牌的广告，内容包括一个标志和关于酒产地和质量的信息。顾客对它的兴趣超过了该超市的其他打折商品。

在第二个实验阶段，广告中补充了一张面部图片。顾客对葡萄酒报价的关注度因面孔而大大增加。

在第三个实验阶段，这个无名氏的面孔被一个常在电视节目中出现的熟面孔取代。顾客的注意力更加集中了。然而，未知面孔和明星面孔之间的差异并不像标志和未知面孔的图像之间的差异那么强烈。由此我们可以得出结论：用明星面孔做广告，甚至比最花哨的字体效果更好。

➲ 象征和象征行为的意义

我们决不能低估象征主义和神秘学对我们日常生活的重要性。象征符号不仅用来代表一般物体，它们往往也能代表非常复杂的事物，如戒指代表友谊和依恋。在广告中，它们是编码信息的重要元素。

许多符号植根于各民族的神话中，或者反映了神话中的行动和事件。神话本身又是解释社会、文化或宗教事件的一种模式。尽管我们穿着现代服装，但我们几乎处处遇到神话和原型，只是没有意识到它们。

对神经营销学科来说，解码这一领域的象征、神话和原型，并追踪大脑中的相应联系，无疑是一项艰巨的任务。我们已经知道这些联系是存在的，而且从对个别品牌的研究来看，它有很强的影响力。毕竟，品牌和与之相关的形象不过是给我们提供产品承诺的神话和符号。甚至非常可能的情况是，神话和符号是我们的重要工具，帮助我们更有效地完成特定的思考、记忆和感知的过程。

象征多如牛毛

有一些抽象的符号，如圆圈，它既代表着无限、统一，也代表着团聚。或者说，我们用方向方位来象征东西南北之间的对立面。我们的语言充满了象征符号。想想看，船可以表达满载，没有更多空间，但它也可以是向新海岸出发的象征。因此，这总是取决于一个物体所处的环境，以便人们给它注入相应的象征性力量。

让我们探讨如下一些符号，以便揭示它们在我们的思维和想象方式中所起的巨大作用。鸡蛋不仅是生命和生育的象征，而且有许多文化认为鸡蛋代表着世界的起源，蛋壳的破裂通常代表着一个新的生命孕育而生。而鸡蛋本身可能代表着一种新的思想孕育而生。

许多符号都具有宇宙性质，如太阳和月亮，当然还有已经提到的四个方向。空气、火、土和水等元素也具有强烈的象征意义。不同的星座反映了世界不同地区的不同神话。例如，猎户座在天空中体现为猎人和大熊的身影。

在许多文化中，甚至房屋也被设计成宇宙的形象，并反映在其布局中。一些村庄根据方位呈方形，另一些村庄呈椭圆形以对应"宇宙蛋"。双子座的形象也有象征性含义，它反映的是天与地的亲缘关系。在我们这个如此理性和经济化的世界中，超自然实体也有一席之地，"天使"们以商业使者的身份出现，"地狱猎犬"守护着投资基金的宝藏。

水几乎有无限的象征意义。它给人以生命，令人神清气爽，可以冷却，可以蒸发。然后，前面提到的船再一次象征了拯救，潮水使船只上升和下降，海洋代表着无限的广阔和机会，如同蓝海战略一样，因为我们都知道地平线外还有很多东西。与水同样重要的是火，它可以吞噬一切，也能锻造新事物。火能带来光明和温暖，但也会灼伤人类。

动物世界提供了几乎无穷无尽的象征来源，如胆小的兔子、狡猾的狐狸、古老的乌龟，以及有力量的公牛。我们肯定能找到一个合适的象征性动物来达到我们的目的。

形状和场所也一直让我们着迷。金字塔象征着秘密。玻璃建筑的透明度散发出魔力，就像旧时的城堡中沉闷的地下室一样。建筑物可以提供保护或带来威胁，它们既可以振奋人心，也可以压迫人们。这总是取决于人们从什么样的角度去看待这些符号。

不仅如此，行动和行为方式也被赋予了非常具体的意义。通常它们只是简单的手势，如邀请的动作和打招呼的方式。有关我们礼仪的一切都或多或少具有象征意义，在仪式和典礼中，这些意义得到了强化。

仪式为日常生活带来安全和秩序

仪式可以被定义为改变一个人的情绪状态，或者赋予这个人新意义的所有行动。仪式也是我们在日常生活中反复出现的行为。仪式与礼节的不同之处在于它的节日性质和对特殊规则及程序的遵守。

以洗手为例，从实用的角度来看，它的作用是清洁身体，而当它为某人的下一步行动或某事做准备时，它就具有了象征性的特点。如果有人反复规定在某个行动前要洗手，如在宗教背景下，洗手就成为一种仪式，获得了非常具体的含义，例如，"我洗手表明无辜"[①]。

---

① 一种基督教仪式。——译者注

有些仪式只对某些群体或在某种情况下有意义。然而，在通常情况下，它们只是在日常生活中给人以安全感和导向。许多人在早晨形成了非常具体的仪式，为一天的工作做准备。在晚上，某些行为模式可以宣告工作时间的结束和休闲时间的开始，与家人一起吃饭不仅可以增进彼此的关系，还可以增强凝聚力。

同时，许多日常礼仪已经与特定的产品品牌联系在一起。我们用 Merci 巧克力表示感谢，或者给朋友一颗费列罗巧克力。如果我们送给某人一块刻有图案的手表，通常是为了纪念一个周年纪念日或一个特殊的荣誉。搬进新居时换钥匙也有类似的象征意义。

➲ 颜色的未知威力

如果要研究颜色，我们会意识到，颜色最终是在大脑中形成的。人们对颜色的感知由色相、饱和度和明度决定，而非由我们所看到的物体的物理属性决定。色感可以区分成 500 个明度级别和 4 000 种不同的颜色种类，由此我们可以得出 200 万种不同的感知。

有趣的是，我们绝无可能命名所有颜色。在各种语言中，经常缺失表达某种颜色的名词，或者利用与某些事物相关联的词汇表达某种颜色。就像在德语中，"金发"一词只指人或动物的毛发颜色，而不作为汽车颜色使用一样，一些<u>丛林居民</u>对不同树叶的绿色有 40 多种不同的说法。然而，目前仍不清楚颜色印象是如何在大脑中产生的。

颜色的原理

颜色可以改变感知，影响我们的情感，并引发我们的感受。颜色可以提高我们的注意力和记忆力，甚至可以说服我们做某些决定。

世界各地的神经科学家正在对色彩的影响力进行实验研究。神经营销研究的着眼点是非常具体的经济利益，这种利益与正确选择颜色密切相关。

基础研究的重点是，颜色如何影响我们的感觉和我们的幸福感。因此，美因茨大学的实验人员向被试展示了红色、绿色、蓝色和灰色 4 种颜色，它们以不同的饱和度和明度出现在一个大型的 LED 墙上。一方面，实验者通过皮肤电导率测量被试的兴奋状态，另一方面，实验者要求被试同时记录下自己的情绪状态。有关感受的选项是放松、平静、兴奋或紧张。有关幸福感的选项是不快乐、悲伤、愉快或幸福。

除了色相和明度，饱和度也被人们认为是颜色的三个基本特征之一。基本上，高饱和度的颜色会使人产生不愉快的感觉。大多数被试对中等强度的颜色感到最舒服，无论是红色、绿色还是蓝色。在高饱和度的色彩下，身体反应特别强烈。测量结果显示，被试的感受从兴奋到激动再到紧张不等。红色在饱和的色彩中具有特殊作用。

在另一项双测试组的实验中，人们试图研究清楚温度知觉在多大程度上取决于颜色知觉。两组人各自坐在一个温度为 24℃ 的房间里，室内温度慢慢降低到 20℃。一个房间内用红光照明，另一个房间内则用蓝光照明。在温度为 22℃ 时，两个实验组的被试开始浑身发抖，通常会穿上毛衣。

随着温度的不断下降，在幽蓝灯光下的这组被试一直在挨冷受冻。微红灯光下的低温却让人觉得还可以承受，这个房间里只有 6% 的人额外穿上了外套，而在幽蓝灯光下披上外套的有近 60% 的人。因此，当我们提到暖光或冷光时，光学感知也被转化为对温度感知的身体反应，这种温度感知并不是由皮肤直接感受到的。

对来自同一文化群体的人来说，特定颜色的心理效应通常有很多共同之处。这一点我们可以从用作性格测试的颜色测试中得知。但我们也必须接受以下事实：来自不同文化的人对颜色的解释也不同。

红色的多重效果

红色是最引人注目的颜色之一。在欧洲各国，红色代表爱情和激情，但也代表攻击性。在中国，红色是象征快乐、幸福和繁荣的颜色，它被用于很多喜庆的场合，如新娘会穿上鲜红的礼服。在印度，红色是象征纯洁与欢乐的颜色。在德国，人们会在日历上用红色标记重要事件。而在非洲有些地区则相反，在那里，红色是象征哀悼的颜色，葬礼上要穿深红色的衣服。

红色在我们的感觉中扎根最深。很可能是因为与红色相关的事物属于我们的进化遗留。人们通过不同的实验来探究红色如何影响被试的智力表现。在一次实验中，被试得到的试卷编号有红色、绿色或黑色，在另一次实验里，试卷的封面也分为红色、绿色或白色。在任何情况下，得到红色编号或红色封面的被试，其表现都明显差于其他对照组。

不仅在语言测试中出现这样的结果，解决简单数学题的时候也有类似的现象。

但红色不仅在无意识中影响了智力表现，还影响了动机。在测试中，如果被试以前感知过红色，就会更多地感受到失败的恐惧或是发生回避行为。这可能是因为红色通常也与危险感有关。通过学习过程，这种原始的感受得到了进一步的强化。只要想想我们小时候必须注意的红色交通信号灯，或者在驾照考试中不允许忽视的红色停车标志就明白了。

为了避免红色对学生的学习成绩产生负面影响，澳大利亚昆士兰省的学校当局指示教师在批改作业或给学生的家庭作业写评语时不准使用红笔。

对运动员的研究表明，获胜者穿红色球衣的次数多于穿其他颜色的球衣。原因可能不在于红色对球衣穿戴者本人的影响，而是对竞争对手的影响。很明显，竞争对手的恐惧被激起，这削弱了他们的表现。

而且，裁判似乎也会根据经验做出对红衣运动员有利的判罚。一项实验让裁判观看一场武术比赛的视频，其中一名运动员穿着蓝色衣服，另一名运动员穿着红色衣服。然而，事实上，之前已经借助图像编辑程序交换了两名运动员的衣服颜色。裁判给红衣运动员加了更多分。令人惊讶的是，再次交换球衣颜色后，对于同一场比赛，裁判又是给红衣运动员更多得分。很明显，在这里起作用的不是实际的比赛过程，而是无意识中的观念，即红衣运动员更经常胜出。

橙色、绿色、蓝色、黄色和白色

我们认为，橙色介于红色和黄色中间。在心理学上，它被认为可以提振精神和刺激情绪。但橙色也是一种警告色。

绿色是除红色以外最矛盾的颜色。如果某样东西在绿色区域内，我们会认为它是正常的、没有问题的。绿色也代表着活动和自由旅行，由于绿色是植被的主要颜色，它也被等同于自然和环境保护。但也有一种绿色代表毒素，具有恶魔般的负面作用。最后同样重要的是，绿色象征着不成熟，但也象征着希望。

在很多文化中，蓝色和绿色的区分方式不尽相同。然而，蓝色是大多数德国人最喜欢的颜色之一，尽管这种颜色对很大一部分人来说似乎很"冷"，代表距离感。

黄色通常被认为是一种警告色，如果与黑色结合在一起，就最大限度地实现了信号效果。

虽然白色对德国来说意味着纯洁和天真，但在亚洲的一些国家，它是哀悼和死亡的象征。但白色也代表着和平和纯洁，医生和科学家过去只穿着白大褂，但白大褂最近已被更多的功能性颜色的衣服所取代。黑色意味着保守、哀悼或无政府状态，但也意味着权力。

记忆的决定性作用

然而，重要的是，对视觉过程起决定性作用的不是眼睛感知到的东西，而是大脑将何种记忆与感官印象联系起来。这就是"记忆色彩"一词出现的背景。颜色感觉是无意识的，因为它们往往与普遍的物体或普遍的场景联系在一起，例如，蓝色的天、金色的太阳和绿色的树木，或者是黑暗的夜晚和明亮的白天。

颜色的含义在外侧颞叶皮层中被解码。颞叶皮层根据颜色所处的语境为它赋予特定意义。特别是对于像绿色这样的矛盾色，为了避免误解，始终关注背景环境非常重要，其中尤以形状和地点的作用不可忽视。

我们必须始终牢记，记忆所能解释的范围远比我们自己能够意识到的多得多。大脑不会分割孤立地评判事件或对象，而是始终将其置于语境之中。所以，不同的颜色、形状和地点都相互关联，它们的影响也必须作为一个整体被评价。这一切的总和，共同传达了用于交流的信息。

⮎ 气味直接影响潜意识

英国的一项研究表明，气味对驾驶员行为的影响比我们以前推测的更大。味道对无意识有直接影响，并在无意识里开启了特定思维定势。新割下来的青草气味显然调动了驾驶员的回忆，诱使驾驶员神游万里。如果有面包或快餐的气味，驾驶员就会不知不觉地加速，因为他萌发了饥饿感，想要更快地到达目的地。香水也能分散人们对交通状况的注意力，它会激发驾驶员的性幻想。

值得注意的是，新车的气味也对驾驶员的行为有一定影响，驾驶员会更加谨慎，因为他不想损坏新车。因此，起主要作用的不是对车龄的具体了解，而只是鼻子所记录到的内容。汽车租赁公司会对这些信息表示感谢。

汽车制造商现在知道，汽车内部适当的气味可以创造一种安全和平静的感觉，也可以刺激驾驶员，防止他睡着。我们还从其他情况得知，柠檬或咖啡的香味能让思维更清晰，这可不限于驾驶车辆。毕竟，据说弗里德里希·席勒（Friedrich Schiller）的办公桌抽屉里放着清香的苹果皮，用来激发他的诗歌创作。

2017 年，气味营销在全球收获了 350 亿欧元的营业额。这里可早就不仅是用烤鸡或咖啡的香味激发超市顾客的食欲了，这里谈到的，是以一种高度复杂的方式引导社会互动。

但是，尽管今天的气味营销已经是一个蓬勃发展的行业，有关气味作用的大多数问题仍然悬而未决。目前已知的情况表明，只要许多人聚集在一起工作，就会出现一系列变化。专家说，气味比广告口号更令人难忘。而且，当气味恰好低于感知阈值时，它们的效果特别好。

各种气味是由不同的有效成分组成的，而且其组合方式越来越复杂，烤咖啡有 600 种成分，啤酒有 250 种成分。因此，使用气味混合物有可能产生意料之外的反作用。此外，许多人已经开始质疑顾客能否以这种潜移默化的方式被影响。

然而，如果气味联想与其他感官印象不一致，也确实会被认为特别令人不安。如果柠檬的气味出现在书店里，通常不可能促进销售。柠檬提神醒脑、令人振奋，往往使顾客更具活力，离开一家商店去逛另一家商店。

⊃ 情境行为和神经可塑性

如前所述，人际互动在彼此的知觉和个人的行为中起着重要作用。社会心理学家谈到了情境行为或场所的力量。

多年前，美国心理学家菲利普·津巴多（Philip Zimbardo）在他著名的斯坦福监狱实验中证明，随机选择的普通人，因为所处情境不同，一些人成为施虐的看守，另一些人成为无助的囚犯。

人类在不同情况下的行为并不像他们在事先所预设的那样。在一个所谓的最后通牒游戏中，一个被试被给予一定数量的金钱，要求他自行决定比例，把金钱与另一个人分享。后者可以决定是否接受所提供的金额。如果接受，那么两个人都可以保留自己的份额，而如果他拒绝了所提供的金额，那么两个人就都要空手而归。这些实验的结果是，为了利他性地惩罚不公平地待人之人，接受方通常会拒绝低于 30% 的份额。

这种情境行为不仅在极端情况下，在日常生活中也发挥着作用。如果一个人被指派了某种职能，并被寄予某种期望，那么他的行为就会与允许他自行其是时不同。

一个人当老板时，可能冷血残忍，他严厉地控制员工，甚至可能欺压折磨他们。而到了体育俱乐部，他又化身为一个快活、好相处的伙伴。

我们大脑的神经可塑性使我们能够发展某些能力，这些能力并不限于我们的职业。出租车司机的方向感比其他人强，音乐家更精通于他们的乐器。我们也可以表现出与我们私人生活截然不同的行为。当哲学家理查德·大卫·普莱希特（Richard David Precht）提出"我是谁——如是这样，有多少个我？"的问题时，可以这样回答："有多少我们必须采取行动的情况，就有多少个我。"

⊃ 权威：偏见的来源

偏见是牢牢固定在脑海中的模式，大脑用偏见来构建世界的形象。权威观念是其中一种可能导致错误行为的模式。

权威有不同形式。其中一种形式的根源在于群体。举个例子，在与个体关系紧张的情况下，对权威的怀疑态度可能被如此表达：一栋大学大楼的墙上喷绘了这样的文字——"大伙儿，吃 × 吧，数以百计的苍蝇是不会错的。"

权威也来自名望，然而，我们必须明确区分名望和能力。名人的声望足以吸引人们的注意，但一张无名氏的面孔也完全可以吸引这种注意力。而说到能力，几乎可以肯定的是，演员能够扮演在人们心里根深蒂固的角色，这才是核心意义。

在电视剧中扮演医生的人可以提供大家更愿意相信的健康建议，在汽车或投资方面，观众更可能听信于在电视剧中的警长。就化妆品或护发产品而言，女演员所扮演的角色至关重要。这是什么原理，怎么生效，仍然必须详尽探讨。

一种完全不同的权威形式是领导型人格的权威。这类人格可能体现为父亲，或者公司老板这样的角色。这时的偏见既不是基于关键经历，也不是基于缺乏经验，而仅仅是因为我们接受了这个人就是负责某个特定问题的权威。

这样一来，各个权威所传播的所有观点都不会在一般意义上被看作偏见，而是被不加检查地接受，或者至少这些观点是具有普遍约束力的。在这种情况下，偏见只不过是广泛传播和作为固化思维模式的模因。

⊃ 模因：会传染的想法

模因也从外部控制我们的思维。模因是思想的单元，是一种可以被储存和传递的、自成一体的模式。模因是可复制的，也可被看作一个复制体，即一个自我复制的结构。1976 年，动物学家理查德·道金斯（Richard Dawkins）在其《自私的基因》（*Das egoistische Gen*）一书中首次使用了"模因"这个概念。

镜像神经元负责对行为和感受的模仿、执行与理解，而模因主要负责智力内容。尽管人与人之间的直接联系对于情感和行为的传播非常重要，但是这种联系对于传播模因却不那么必要。为了变得有效，为了真正产生影响，模因需要的是网络。而网络正是如今的现代媒体，其表现形式包括互联网、社交媒体、电视和广播等。

当模因不仅唤起人们的智力反应，而且对人们的情感产生相当程度的影响时，它们就会快速地自我复制，这就是一个笑话比一个化学公式更容易被人记住，也更容易得以流传的原因。

然而，模因不一定要被有意识地加以记忆和学习。如果它们能够越过著名的临界点，也就是如果它们以一定的频率出现在社会上，它们也有能力通过无意识的信息在人们的头脑中安营扎寨，这就引起了自发的时尚潮流，最终也催生了畅销书。

有些模因只持续几天或几周，其他的——如电影系列《星球大战》——持续几十年，或者像莫里哀（Molière）的喜剧或古代戏剧，持续几个世纪。它们都以某种方式从外部控制我们，然后成为我们思维模式的固定组成部分。

所有涉及经济进程和社会原则的模因，都算作主导社会广泛阶层思维的最强大的模因之一。今天，工业化国家的大多数人准备接受社会中发生的一切必须符合经济规则的事实。他们的模因包括，例如，"一切都有其价格"或"需求调节供应"。原则上，任何人都可以从洗碗工变成百万富翁的想法也是一种影响和决定我们思维方式的经济模因。

要想让这种思想内容被新的思想内容所取代，要么需要很长的时间，要么需要大部分人的实际生活状况发生急剧变化。模因漫长而坚韧，一方面是因为它会被记忆储存起来，一有机会就被传递和感知，另一方面是因为它可以通过大众媒体像流行病一样传播。

模因就像病菌一样，具有高度传染性的特征。它们占据了大脑中最重要的开关点，随时存在，并取代了其他也许更正确的或更有价值的想法。

一个基于个人经验的个体偏见，如"所有的狗都咬人""滑冰很危险"或"某品牌的比萨不好吃"，很难作为一种模因获得传播，最好的情况也不过是在家庭或小团体中传播，但很难做到普遍传播。偏见只有在达到一定程度的一致性，成为符合某些标准的定型观念时，才能成为模因。

"成功的"偏见通过提高个人和群体的价值，使个人或一个较大群体更容易达成身份认同。这些偏见必须提供一个总体方向，这样一来，偏离这些偏见的部分就都被看作例外和偶然。此外，它们在内容上必须是模糊的。一个类似的刻板印象就是"优等种族"。这个说法抬高了那些把自己算作其中一员的人，无论个人还是群体，它赋予他们身份认同。而当我们审查事实时，这个概念其实内容空洞。

刻板印象有一个令人不快的特征，那就是它们可以被用来操纵其他人，而且，由于它们是模因，它们也可以很容易被复制和传播。当然，铺垫和框架效应也可以被用来操纵人群，让某些信息特别受欢迎。

⊃ 词语的影响力

为了引导人们，既不需要复杂的暗示技术，也不需要催眠，只要向大脑传达某些影响其感受的情感、信息或印象就可以了。

例如，一项实验要求被试在一定时间内对计算机上的一些单词进行分类，要么根据单词长度，要么将其拼成句子。被试被告知这是一项对语言能力的测试。一半被试被要求对与年龄、疾病和虚弱有关的词语进行分类，而另一半被试则被要求对与表现、运动和成功有关的词语进行分类。

测试结束时，每个被试都被请求走步梯上楼离开。对被试来说，实验现在已经结束，但对研究人员来说，实验才刚刚开始。他们记录了不同被试走完这段距离所需的时间。那些跟与年龄、疾病和虚弱相关的词语打过交道的人，比起跟与表现、运动和成功相关的词语打过交道的人，上楼时要慢得多。

很明显，人们的运动技能在这里受到了他们刚刚整理过的文字的影响，虽然这些文字看起来并没有以任何方式影响到他们自身。

由于这项实验的结果如此惊人，它在不同的大学里以最相异的结构反复进行。总体结果是相同的。特定的词语会影响我们，即便我们自己完全没有感受到关联。

这种方式不仅可以操控人们上楼的速度，善良、耐心和诚实这些品格也很容易被塑造，甚至算术考试的成绩也会受到消极或积极思维模式的影响。

本章关键点

☆ 我们的内在现实是一个复杂而彻底的主观构造，既包括我们此刻正在经历的事情，也包括我们的记忆、经验和期望。

☆ 我们必须把我们的无意识想象成一种无法被打开的黑匣子。大脑中有两个系统，即显性的、有意识的系统和隐性的、无意识的系统，后者控制着我们 95% 的行为。

☆ 一个事件的意义随着参与者数量的增多而增长。人群的决定性特征是通过共同的情感状态而实现协同。但人群中的人跟随的不仅仅是他们的感受。

☆ 神经营销学致力于解码象征、神话和原型，并研究其在大脑中的相应联系。仪式是一种将一个人从一种情绪状态带入下一种情绪状态或赋予此人新意义的反复行为。

☆ 对与情绪和记忆相关的思维过程来说，面孔比所谓的文字 / 图像商标更重要。

☆ 人际互动在彼此的知觉和个人的行为中起着重要作用。

☆ 偏见是牢牢固定在脑海中的模式，大脑用它来构建人们对世界的印象。权威观念是其中一种可能导致错误行为的模式。

☆ 模因也从外部控制我们的思维。模因是思想的单元，是一种可以被储存和传递的、自成一体的模式。模因是可复制的，它可被看作一个复制体，即一个自我复制的结构。

当我们改变我们的感知时，我们的生活也会改变。我们在情感上的感受及我们总体的状态在很大程度上取决于我们的环境。因此，你要自己决定自己的知觉。

05
CHAPTER

第 5 章

通过自我影响塑造人生

在前几章中，我们已经说明了知觉的重要性，以及它们是如何生效与协作的，但我们也描述了知觉是如何误导我们的，我们是如何受其影响的。现在的问题是，我们可以从这些发现中得出什么结论。

自我影响作为一种自我暗示的形式，具有三个基石：安慰剂效应、肯定语和灵感。

➲ 安慰剂效应：神奇的止痛剂

安慰剂是一种假药，它不含任何药物成分，但仍能提高治疗效果。

对这些"药物"而言，寄托其上的期望具有非常特殊的意义。事实证明，没有有效成分的"药物"确实可以治病，只是我们现在还不知道原因。同时，科学家们已经能够在成像技术的帮助下探索安慰剂效应的原理。

密歇根大学、哥伦比亚大学和普林斯顿大学的实验表明，安慰剂治疗疼痛的效果几乎与真正的止痛药一样好。被试遭受电击和灼烫，几个回合之后，他们得到了一种所谓的"止痛药膏"，实际上药膏里面不含任何有效成分。尽管如此，大多数被试在接下来的治疗中会明显感觉到疼痛有所缓解。

　　加利福尼亚大学的一项实验表明，慢性胃痛患者连续三周每天吞服安慰剂药片，他们的疼痛也得到了明显的缓解。与得到真正药物的患者相比，两者疼痛减少的程度几乎是一样的。

　　在一种成像技术的帮助下，科学家们发现，主观感受的疼痛越小，大脑中某些痛敏部位的活动也就越少。而同时，大脑的另一区域则明显活跃起来，这就是与情感体验和抑制冲动有关的区域。

　　人们认为，人体自身何时释放内源性阿片类物质从而麻痹疼痛，才具有决定性作用。此外，科学家们已经发现，当人体自身释放的阿片类物质被药物阻断时，安慰剂效应就会消散。因此，是人体自身的物质使安慰剂效应产生了。

　　科学家们得出的结论是，疼痛是在心理因素的决定性参与下，由大脑产生的一种感觉，必要时它也会被消除。我们不应低估"对药物效果的信心"带来的影响。人们无意识中对药物效果的预期，也会导致期望疗效的产生。

　　即使被经验验证过的假设——红色安慰剂药丸对心血管疾病更有效，而绿色安慰剂药丸对睡眠障碍更有效——也只能用认知的影响来解释。如果我们深入思考这种安慰剂效应，我们会发现它不仅对医学会产生深远的影响，而且对社会领域也会产生深远的影响。

安慰剂领域的研究员法布里奇奥·贝内德蒂（Fabrizio Benedetti）说："我们的大脑将话语转化为化学。"通过研究，他证明了这一点。在距离地面 3 500 米的高空，没有氧气供应的被试和能获得氧气的被试一样有效率，而且出现高原反应的情况也是一样的少。两个测试组的被试都戴着氧气面罩，但其中一组被试只能得到普通空气而不是氧气。神经科学家们现在确信，人们在安慰剂的帮助下可以引导大脑，使它不仅能控制身体机能，而且可以影响免疫系统和自身感受。这就是仪式和象征往往能产生效果的原因，它们通过感知引导大脑系统的变化，从而也导致自我的变化。

⊃ 肯定语：开门的钥匙

肯定语是指确定性的词语或短语，是对所期望的感知或所期待的变化进行描述或表达决心。基本上说，肯定语主要被用来对原本无意识的基本观点进行明确表述。近期的不少图书已经收集了各种情况下的肯定语，它们的特点是短而精，例如，"我很高兴""我喜欢自己"或"我觉得我现在挺不错"。

⊃ 灵感：远不止是艺术创作

灵感来自外界的知觉，被认为是突然出现的想法。大多数人把灵感与艺术创造力联系起来。然而，在理解灵感的作用方面，这个概念过于狭隘。灵感是所有创造性行为的基础，无论写一首诗、画一幅画、重新布置公寓，还是重新整理衣柜，都是一样需要灵感的。

对安慰剂、肯定语和灵感这三种自我影响的因素来说，最重要的就是对新知觉持开放态度，并愿意赋予这些知觉以内在含义。

⊃ 美学：为生活带来快乐

美国设计师英格丽·费特尔·李（Ingrid Fetell Lee）在她的《快乐》（*Joyful*）一书的序言中说，她在学业之初的一次考试中，教授在长时间的沉默后对她说："你的作品引发了我的愉悦感。"这个作品是一盏海星形的灯，一套圆底的茶杯和三张由分层染色泡沫制成的凳子。

她想知道，她所展示的这些简单物品为何能唤起人们的快乐。当她要求解释时，教授支支吾吾说不清楚，最后说："它们就能这样。"英格丽·费特尔·李认为这个答案并不令人满意。从那时起，她就一直在思考这个问题：物质实体如何能唤起我们心中非物质的愉悦感。

这就是她开始研究的原因。来自哲学和心理学的无数专家一致认为，真正重要的那种快乐不在外界，而是在我们的内心之中。后来她发现，我们的环境和我们的心理健康之间有明显的联系。在阳光充足的办公室里工作的人比在光线昏暗的办公室里工作的人睡得更好、平时也更活跃。

被低估的建筑学影响

1984 年，来自美国得克萨斯的建筑学教授罗杰·乌尔里希（Roger Ulrich）首次描述了他对医院环境主题的研究。他得出的结论是，能够透过窗户看到大自然的患者在手术后恢复得明显更快，经历的并发症更少，服用的止痛药更少，患抑郁症的频率更低。这个结论在当时被认为是革命性的发现，并在无数后来的研究中得到了证实，也被纳入了现代医院建筑学。

这种治疗性建筑风格（治疗性建筑）认为自然光线、人工光线、色彩，以及声景和家具陈设都是促进健康的因素。在这样的环境中，不仅是患者，护理人员也感觉更好。

作为研究结果，英格丽·费特尔·李总结了快乐美学的 10 个方面。

✦　**快乐美学的 10 个方面**

1. 能量：鲜明的色彩和灿烂的光线。

2. 丰富性：繁茂、多样、多彩。

3. 自由：自然、野性、广袤。

4. 和谐：平衡、对称、自由流动。

5. 游戏：圆圈、球、气泡状。

6. 惊喜：对比和怪异。

7. 崇高：高度、轻盈、超然。

8. 魔法：隐形的力量和海市蜃楼。

9. 节庆：同步性、闪光、爆炸的形状。

10. 更新：绽放、扩张、曲线。

英格丽·费特尔·李首先通过调查她的朋友和熟人圈子，从经验中为她的快乐美学理论找到了基础，然后她开始将这些调查扩展到更大的人群中，并评估在此期间学界出版的研究报告。她想搞清楚我们是如何在情感上和主观上感知的，又感知到了什么。

下一步是将具体的感知系统化和概括化。像英格丽·费特尔·李的那位教授一样，大多数受访者虽然可以大概描述他们的感知，但却不能用语言加以理性地说明。也许这是因为人类是用大脑的右半球而不是左半球处理感知的，因而难以用语言进行描述。

幸福度没有精确的衡量标准。但英格丽·费特尔·李请求她的读者思考以下问题。

- ★ 你多长时间笑一次？
- ★ 你最后一次体验到深深的、无边的快乐是在什么时候？
- ★ 当你傍晚归来踏入家门时，你内心会有什么感觉？
- ★ 当你进入你的每个房间时，你会有什么感觉？
- ★ 你的伴侣和你的家庭是否重视快乐，以及有多重视？
- ★ 你生活中最幸福快乐的人是哪些？
- ★ 你多久会见他们一次？
- ★ 你在工作中经常感到欢乐吗？
- ★ 你工作的企业是否致力于营造快乐的工作环境？
- ★ 你工作的企业是否认为快乐的工作环境无关紧要，甚至更愿意营造一个完全相反的工作环境？
- ★ 当有人在你工作的地方突然大笑时，会发生什么？
- ★ 哪些活动给你带来最大的快乐？
- ★ 你会经常从事这样的活动吗？
- ★ 你能在家里或家附近从事这些活动吗？

★ 你在自己所在的城市或社区里可以找到多少快乐？

★ 你在街坊四邻中能发现多少快乐？

★ 你在哪些地方感到舒适？

★ 你周围半径 10 千米内，是不是有一些让你感到快乐的地方？

是否回答及如何回答这些问题，请你自己做主。

英格丽·费特尔·李承诺："即使是我们环境中最小的创造性变化，也能增进我们的幸福感，带给我们欢乐的时刻。"

◯ 知觉训练：为生活注入能量

能量，力量的来源

充满活力、色彩丰富、温暖和明亮的环境能为我们"充电"。能源的主导元素是阳光和黄色。阳光并不是每天都照耀着我们的，在大空间的开放办公室，在生产车间、医院、贸易场所及服务业公司的工作场所里，经常是既没有窗户也没有人工照明的。

在日本的公司里，如果一位员工被允许把自己的办公桌放到窗户边，那么他往往会被晋升。高管们通常坐在窗户边，而不是坐在房间的中间。如果缺少阳光，也可以使用富有生机和动感的照明设备来代替。在工作场所，应使用尽可能准确地模拟日光全光谱的光源。另外，家里如果被装扮成暖光色的话也是很好的。

为了使人汲取力量，白色的墙壁或至少浅色的墙壁，要优于深色的墙壁。深色家具也是不利的，但你不必把它们扔掉再买新的，只需要将它们涂上明快的颜色就可以了。如果没有足够的窗户让阳光照射进来，那么就应当在房间里用不同的灯来设置特别的重点，以建立一种灯光氛围。

为了吸收更多的能量，同时也焕发更多魅力，请你选择彩色而不是黑色或灰色的衣服。配饰也可以提供色彩元素。你会惊奇地发现，你周围的人对彩色衣服的反应非常积极。毕竟，彩色的衣服即使看起来有些严肃，但它们仍然是令人欢快的。

汲取力量最重要的场所是户外或城市中的大花园和公共公园。但是，在艺术博物馆和画廊中，你也能找到让人觉得有活力的感觉。

灰色和米色等色调增添不了多少生活乐趣。沉闷和过于平淡的光线不会唤起任何生命力。

感知到丰富和多样，总有一种充实感

环境的多样性是由富于变化和结构多样所决定的。大自然的一个例子就是彩虹，但是人们可能并不能经常看到它。不过，除了自然界，我们也可以利用人工方式通过色彩多样和纹理不同的搭配来塑造自己的环境。如果你打算装修房屋的话，可以用窗帘、彩色壁纸或彩色的独立瓷砖来提供彩色的点缀。

客厅里可以铺设美丽的彩色地垫或长地毯，甚至不需要很昂贵。如果在更大的空间里，你也许还可以把多种不同图案结合起来。在家具店，你还能找到价格实惠的艺术品或装饰品，给你的生活带来色彩。如果你的预算充足，当然可以把知名艺术品、绘画或照片的复制品及绢画挂在墙上。试着将这种五彩缤纷的多样性运用在你的服装、别针、项链和彩色宝石制成的手镯上吧。

如果你想体验丰富性和多样性，可以去跳蚤市场和古董店。商场的糖果店通常也会提供丰富多彩的产品。香水店、香料店或每周集市也是如此，现在在每座城市都能找到。

感知自由和独立

在大草原上，大多数人都会感到自由和独立。连绵起伏的山丘，郁郁葱葱的树木和草丛，都会令人感到愉快，因为这是人类初登世界舞台时看到的景观。

大型且昂贵的高尔夫球场通常都建在这样的草场上，只是那里的草比较短。德国和丹麦的沿海腹地也给人以类似的印象。重要的是满眼都是绿色，人们既可以享受宽广的视野，也可以在树下避日纳凉。

在城市地区，我们可以在寓所和办公室里使用能让我们与大自然建立联系的元素。干枯的野花、动物和植物世界的图片和物品，都能唤起我们相应的对大自然的记忆。那些在海边感到无拘无束的人，也可以把收集的贝壳或石头放在罐子或碗里作为纪念品。如果你有空间，阳台上或花园里的草和植物也能传达出一种轻松的气氛。

如果在窗户上、阳台上或花园里挂一个喂鸟器，就会吸引来小鸟，鸟是自由和独立的象征。如果喂鸟器没法实现，你还可以播放鸟叫声和自然声。不是每个人家都有玻璃门或全景窗，让人能一眼望到大自然，当然有的话就更好了。

飘逸和宽松的衣服有助于体验自由的感觉。由天然纤维制成的衣服也有这种效果。在城市附近，往往有一些自然和动物保护区容易到达，在那里，人们可以感到自由自在和无拘无束。此外，还有一些冒险公园，在那里，你可以看到不同的地形景观，你甚至还可以亲身体验这些地形，因为你可以在那里赤脚行走。一般来说，相比于穿着鞋子，赤脚走路更能传达出一种自由的感觉。

避免用超大的家具填满你的公寓。在家具店的陈列室里，它们可能看起来很诱人，但在两室一厅的小公寓里，它们通常非常令人压抑。

寻求和谐与统一

大多数人都希望有一种与环境相和谐的生活，这也是可以塑造的。这里的基本要素是秩序和对称性。几何图案或重复的图案可以提供这种感觉。特别是在私人领域，有许多种方法来塑造我们所处的环境，如把类似的物体放在一起。另外，也可以用镜子来增强对称性。

请你不断尝试归类相同的物体，如按颜色对图书进行分类。当然，这只在你仅有少量图书的情况下才是有用的。对图书太多的人们来说，这种方法就没什么意义了。

如果你有收藏习惯，那么相应地，你就可以展示你的藏品了。无论是硬币、蝴蝶标本、邮票、汽车模型，还是惊喜娃娃、奇趣蛋，精心展示的藏品总能传达出一种和谐与统一的感觉。多余的物品应该被收纳到柜子里。这种方式也特别适用于你家的入口区域。凌乱、不整洁，甚至垃圾遍地是和谐与统一的天敌。

让生活更轻松

更加轻松地对待生活意味着以一种游戏的方式来对待它，圆形和曲线的优雅感会提升这种感觉。舍弃平滑的彩色表面，用波点图案、圆形和球体更好地呈现值得玩味的生活。使用圆角而非边缘尖锐的直角家具，也能增强人们的特定感受。在游乐园，你还会发现许多游戏元素。如果你被允许饲养宠物，那么和你的宠物一起玩耍、散步，这也能让生活更轻松。

惊喜带来快乐

惊喜往往有些不合适、有点引人注目，甚至不太完美。与日常不同，惊喜往往是去发现一些隐藏的东西。惊喜的一个重要因素是对比，哪怕你早就知道对比的存在也无伤大雅。例如，你可以用鲜明的颜色或图案来装饰抽屉内部或柜子的内门，甚至给客用厕所加上特别的颜色来进行点缀。

用颜色鲜艳的容器取代白色的容器，寻找不寻常的甚至古怪奇异的装饰品，它们不会主导你的日常生活，但却可以提醒你，这是怎样的一种惊喜。如果你和其他人住在一起，你可以用偶然发现的小物件、糖果和手写的纸条来取悦他们。在一元店、二手商店或跳蚤市场上很容易找到不寻常的和充满惊喜的物品。

如今，许多人购置第二居所，以期获得新的和不寻常的体验。这些居所可以是一辆大篷车或生态农场露营地的一间小房子。越来越多的人选择了宿营房车，以便能在周末脱离日常生活。

体验轻盈与浩瀚

为了创造房间的轻盈感和空间感,天花板和墙壁应涂上浅色,使房间看起来更高。天蓝色背景上的渐变颜色或云状斑点创造了身处户外的错觉。天花板上的灯或悬吊装饰将人们的目光引向上方。使用轻巧的家具,例如,不用基座柱脚而用细腿或半透明的材料支撑的桌椅,这些可以增加轻盈感。如果你的房间空间足够大,可以建一个平台来创造不同的层次。有高高的天花板和天窗的阁楼可以呈现出理想的空间感。

寻找能让你远眺的地方。如果你所在的地区没有山丘,可以去教堂的塔顶,或者电视塔的餐厅,又或者摩天大楼的天台。但不要只看屋顶,花点时间看看云彩或星星。如果你乘坐飞机旅行,请预订一个靠窗的座位。

如果有机会,可以尝试蹦床及乘坐热气球或微型飞机来进行观光飞行。请避免山洞、地窖和其他地下空间。

魔术:感知隐秘的事物

魔术体验来自光学幻觉,贝母般的光泽闪动、营造神秘感的灯和动作,以及看上去简直违背自然规律的事物,例如,将棱镜悬挂在阳光充足的窗户上,或者用几乎看不见的鱼线牵起装饰物品,以造成它们在自由漂浮的假象，这些都能产生类似魔术的效果。波普艺术图片和镜子可以改变人们对空间的感知。由贝母制成的物体会根据观察角度的不同而改变颜色，阳台上的风铃随风而动的姿态令人着迷，它甚至还能发出声音。

具备独特性的现象也能让我们感受到神秘感，例如，风从山丘上拂扫而过、沉入迷雾的沼泽或升腾着火山气体的湖泊。放风筝和坐帆船也是我们能够感受到隐秘力量的神奇方式。你应该避免的或许是游乐园中的小火车穿越恐怖屋项目。

创造节庆氛围

对大多数人来说，节日总是意味着闪耀的灯光、音乐，以及各种闪亮的表面。庆祝活动往往需要一个超大的吸引眼球的物品，这可以是挂在门上的周年纪念数字或放在露台上的大型篝火和火盆，不一而足。而音乐则总是充满活力和节奏感的。

你还可以用迷你灯勾勒出轮廓，让夜晚闪闪发光，创造出节日氛围。一年中总有足够多的契机用于庆祝，你也可以简简单单无需理由，直接呼朋唤友欢聚一场。

更新：塑造自然变化

季节的变化象征着更新。你可以把适当的植物带进屋里，依照季节进行装饰。螺旋形状也是更新的象征。如果你想更多地体验季节性变化，就应该多去植物园。

观察日出和日落在一年中的变化。走进大自然，在月亮最圆的时候欣赏一番。如果你有机会独自或与其他人一起培育一个花园，你会有意或无意地注意到大自然的变化和更新。

⊃ 如何训练知觉

杜克大学神经生物学教授劳伦斯·卡茨（Lawrence Katz）为大脑开发了类似于有氧运动的神经生物学练习。通过结合不同的感官印象，让新事物刺激大脑，从而能让专门处理知觉的大脑区域得到针对性的训练。

有几项通过练习屏蔽视觉来加强触觉、嗅觉和听觉的训练。例如，卡茨教授建议闭上双眼喝酒，以训练触觉、嗅觉和皮肤知觉。早上醒来时，应该让你感知到一种与情感和积极记忆联系特别紧密的气味，例如，让人想起地中海假期的气味。将这种香味放在床边的密闭瓶子里。醒来后，你打开这个瓶子，也许会闻到柠檬、薰衣草或迷迭香的气味，这将立即唤醒你希望唤醒的思绪，帮助你积极地开始新的一天。

改变你习以为常的生活日常。建立新的习惯不仅有助于你摆脱坏习惯，还能改善你的感知力。你只需要经常这么做就可以了。如果你通常习惯在早上快速地喝杯咖啡，跑出家门，在最近的商店买一块面包，那么现在你应该在家里吃早餐，然后再换装出门。或者早餐时你不再吃抹巧克力酱的面包，转而吃些麦片。

卡茨教授建议重新安排家里和桌上的物品。重新布置家具、增加新的颜色和照明，这确实有意义。你肯定会在建材市场的电器和油漆部门找到灵感，你只需要在有空的时候去那里看看，就能增强你的感知力。

神经生物学影响到了生活中最多样化的领域。卡茨教授还谈到了性的问题。他说，性对我们感官的刺激超过了日常生活中所有的常规活动。然而，他对此的具体建议并没有超出常规，例如，闭上双眼，依靠触觉，点燃香薰，精油按摩，在床上撒花瓣，享受香槟，以及浪漫音乐。

把卡茨教授的建议视为一种灵感，绝对会物超所值。好好考虑你的哪些行为及环境中的哪些部分可以改变。哪些习惯是你想要改变及可以改变的？你如何为你的感官创造新的刺激，从而训练你的感知力？你会发现很多小细节。

例如，不要再去街角的超市，可以去通常只有美食家才会光顾的特产批发店，或者去亚洲超市，你会惊讶于这里有这么多你不知道的产品。也许你也想在餐厅甚至在自己的厨房里尝试一下异域美食？

你想在假期做一些不同的事情吗？去一个新的、不熟悉的地方。你想学习新事物或培养一个新爱好吗？有许多种方法可以改善和加强我们大脑的神经可塑性和我们的感知力。

⊃ 可以改变生活的五种行为模式

尽管大多数人都认为，他们具备各种各样的行为模式作为能力储备，并能够根据自身的目标或处境来决定采用哪种行为模式，但基本的行为模式只有五种，原则上只是这五种行为模式在发生变化而已。心理学家保罗·瓦茨拉维克（Paul Watzlawick）说，人无法不沟通，这一点也适用于描述行为模式，即一个人无法不采取行为。我们持续进行着反应和行为，只是并非每一种行为模式都能获得成功。

人类最古老的行为模式是逃跑。在人类的早期，能逃跑当然比被吃掉更好。只有在不可能逃跑的情况下，人类才会下决心坚守，或者在预期对方防御不利时转而采取进攻。

后来，人们开始从狩猎者和采集者身份转变为定居生活的农民或是带着畜群在草原上游牧的牧民。在这段时期，有两种新行为变得很重要：适应环境和改变环境。

早在人类发展出文明的最初形式之时，如开始绘制洞穴壁画，那时人们就开始对某些特定事件，以及自己的行为模式加以重新解读。于是，天空中劈下的闪电不再是无法解释的自然现象。

我们对人类文明史的快速回顾，并不是为了提供什么一劳永逸的解释，而只是为了清楚地表明，人类有五种基本的行为模式，在这些模式的帮助下，人类试图应对所有的生活状况。

模式一：逃跑，不如离开此处

有关逃跑的主题不仅存在于隐喻叙事中，而且存在于小说和电影中。《万里行路》（*So weit die Füße tragen*）或《在逃亡中》（*Auf der Flucht*）只是其中的两个例子。在格林兄弟的童话《不莱梅镇的音乐家》中，四只动物，一只公鸡、一只猫、一只狗和一头驴，想要逃离它们的主人。因为它们已经老了，对主人来说毫无用处，所以主人想杀死它们。

这些动物决定一起开始新生活。因此，逃避某种境遇并不意味着终身逃亡，它也可以是一个新的开始。

　　然而，首先，逃跑是一种无计划的、条件反射式的行为，以使自己摆脱威胁、危险或其他不适场景。逃跑不是由头脑理性控制的，而是基于情感上的恐惧或焦虑。只有当一个人能够自己确定逃跑的时间时，逃跑才谈得上是理性规划。逃跑行为的根源，与其说是一个人想要实现的目标，不如说是他身处的境地。

　　逃跑往往被看作是软弱行为，但这是错误的，因为逃跑行为本身已经不能被逃跑者的理性控制。在我们的社会中，生存恐惧导致了对个人有害的非理性行为，如停止支付分期付款。

　　当然，还有在伴侣关系中的逃离，这通常是出于对暴力行为的恐惧。而逃避工作往往是职场霸凌受害者的选择。

　　没有人会无缘无故地逃跑，也没有人在还能看到其他出路时逃跑。每一次逃跑都应该被看作一个新的开始。逃避不应该是一种永久的生活态度。如果连最小的负担都不能承受，那么逃避本身就具备病态特征了。

模式二：坚守，像岩石一样坚定矗立

　　坚守是逃避的替代方案。选择坚守的人会直面斗争和对抗，他们目标明确，注意力集中，并能控制自己的反应。

　　坚守可能是以情感为基础的，并得到传统的支持，但它主要产生于奖励系统和决策系统之间的相互作用。选择坚守的人通常具有强烈的自信、自律和战略思维。

一旦决定坚守，人们通常会精心筹划。在大多数情况下，坚守策略应该能够帮助人们取得胜利，或者至少取得成效。有时，坚守也可以被理解为：为社会做出的牺牲。

模式三：适应，可以习惯，但非必须

适应是改变的反义词。通过改变自己的行为来对外部感知做出反应，这是人类的一个基本策略。对多种生存环境的适应或许确保了我们人类的存续。

要想适应，需要着眼于当下，并采取灵活的行为。无论是适应不同的气候条件，适应不同的环境或社会群体，还是适应不断变化的社会形式，尤为重要的总是学习，以及由此产生的神经可塑性。

模式四：改变，卷起你的袖子

适应作为一种被动行为，即使有合理原因，也往往被看作是负面的和消极的。而改变作为一种主动行为，则被认为是积极的。对某些事物不予接纳，寻找新的解决方案并予以坚定贯彻，这样看来，改变其实与坚守区别不大。改变基于知觉、学习和大脑的神经可塑性，但同时也包含创意观念和创造性思维。

变化也可能带来负面后果，但一般来说，它被视为进一步发展和改善现状的机会。今天，作为持续发展的一部分，社会的变化是理所当然的事。我们也期望技术能够改变并适应消费者和用户的新愿望。

模式五：重新解释，长袜子皮皮的原则

重新解释是指赋予一个事件以新的含义或以不同的方式解释它。通过这种方式，个人的弱点可以转化为优势，人们只需要改变视角。一杯水是半满还是半空？乐观主义者与悲观主义者有不同的看法。

我们解释情况和事件的方式取决于我们的情感状态、记忆、奖励系统和价值体系的活跃状态。通过解释或重新解释，我们没有给现实赋予一个完全确定的唯一意义，而是建立因果之间的联系。

或许我们必须接受，世界上有形形色色的人，不同人的大脑也各不相同，于是它们也构建了彼此相异的意义关联，这些关联通常旨在帮助人们更好地应对自己的生活。只要是无害的，我们就应该给别人这种相应的自由，同时也要为自己争取这样的自由。

⊃ 自我：一个动态变化的结构

我们确信，"自我"产生于所有思想元素之间的相互作用。大脑中没有固定的位置存放着一个"自我"。

我们现在知道自己是谁，也能向其他人说明自己。在这个过程中，自我是由多样化的元素组成的"万花筒"。"我"是我此刻的感觉，也是我希望的事物。但"我"也包括我的身体、我的婚姻状况、我的职业、我的政治观点，甚至我的朋友、我的房子和我的汽车。这一切都以某种方式属于我。

因此，"自我"超越了个人，表现为许多属性，而我们都没有意识到这些属性，直到我们把它们呼唤到意识中，或者由他人把它们呼唤到意识中。例如，向我们询问我们是否喜欢某物这类问题。

"自我"可能有一个非常狭小的核心区，在这个核心区的自我是一致而不变的，但它对来自环境的知觉有高度敏感的反应。根据一个人的处境，自我的某个方面会凸显出来。

核心自我会因为新的经历而发生变化。但这通常并不意味着这个人有意识地操纵了这些变化，或者其实根本谈不上操纵，而只是通过其他人的反馈察觉到了这些变化。自我感知总是包含着某种距离感，这就是为什么我们了解 10 年前或 30 年前的自我，或者至少从今天回望过去，比当时"身在此山"了解得更清楚。在基因和社会两者之中，哪个对人的塑造性更强，相关讨论可以追溯到 19 世纪。认为人们来到这个世界上是一张白纸，只有教育才能塑造他们的人生，这种观点可以追溯到哲学家约翰·洛克（John Locke）。然而，这种观点导致了许多错误的想法和行为模式，就像有些人认为只有基因才能决定一个人的性格和生活的观点一样。今天，科学已经达成了"既是"和"又是"的共识。这不再是一个"天性与教养"的问题，而是一个"对天性加以教养"的问题。

基因不仅控制着身体的结构和发展，而且控制着大脑，因为大脑毕竟只是一个完整的人的一部分。正如基因对环境刺激和身体自身的信息做出反应、开启或关闭生物逻辑过程一样，同样的事情也发生在脑细胞中。这种基因构成不仅影响着儿童和青少年的外显发育阶段，而且在整个生命周期中起作用。

基因提供了准则，然而，这些准则只能在合适的环境中发展。只有当给定的特征得到促进和挑战时，它们才会发展成有用的能力。如果没有鼓励和要求，它们就会萎缩并让位于其他特征。不被使用的肌肉会萎缩，这同样也适用于大脑和思想。在这方面，性情和环境密切相关。

⤷ 跳出影响陷阱：发现和削弱外部影响

"我很想在我的生活中做一些与现在完全不同的事。"有谁没说过这种话，或者从他们的朋友口中听到过这种话？通常情况下，对这句话的回应是一声长叹，或者立刻要给出解释：为什么人们"真正"想要的无论如何都无法实现。

有不能转学的孩子，有不得不卖掉的房子，有不稳定但不想放弃的工作，以及造成理想生活无法实现的经济压力。但这些论点是真的吗？

集体思维的力量不应被低估，无论是乐观主义还是悲观主义，情绪就像疾病一样具有传染性。我们知道，镜像神经元可以读取最小的无意识身体信号，因此，如果某人说话言不由衷，我们能准确觉察到。

今天德国人的思维显然面临一个重大冲突。一方面，人类大脑天生对变化有着永不满足的渴望，另一方面，大多数人的头脑中都设定了集体模式，抵制任何变化。

反对变化最常见的论据之一是年龄。35 岁前后，许多人已经觉得自己没有机会打破自己的常规生活了。今天我们已经知道，大脑和人格的发展绝不是到了青春期或 30 岁就终止了，这种发展会一直持续到生命结束。

⊃　从混沌到觉醒：将行为从无意识提升到有意识

原则上，没有人能够事先意识到自己无意识的思想、动机和价值观。因此，他们无法控制与之相关的信号。然而，如果一个人发展了一定的身体意识，并能在棘手的情况下依然重视自己的反应，那么他可以把自己的行为从无意识提升到有意识，或者至少在一定程度上做出判断和反应。

有意识的反应行为绝不意味着压制自己的自发感觉，尤其不应压抑积极的感觉。但不幸的是，偏偏这种事情常常发生，而负面的信号却被自由释放。

正念：一种提高自我意识的方法

"正念"这个词在德语中主要与精神有关。一方面，它可以提高自我意识，另一方面，它能影响疾病症状和保持健康，如减少压力。

在美国则不同。在美国已经有一个名为"正念神经科学"的研究领域，它使用神经科学的方法来研究冥想者的大脑中发生了什么，以及这些发现在多大程度上可以被应用于日常生活。

锐化感官的练习

早晨，试着闭上双眼喝咖啡或茶，将其含在嘴里保持一段时间，让香气充分发挥作用。这样不仅可以训练你的感官，还可以用一个轻松的仪式开始新的一天。

时常闭上双眼或在黑暗的房间里吃东西。要慢慢地咀嚼，有意识地感知味道、"口感"和不同的香气。如果是他人做的食物，你可以尝试识别出不同的配料。

取出一束混合香草，蒙上双眼试着分辨这些香味分别来自哪种香草，或者点燃线香或香薰蜡烛，尝试识别不同的气味。

闭上双眼，倾听环境中的不同声音，并尝试辨别每种声音的来源。你可以在很多地方这样做，如在森林里，在露台上，或者在城市的公园里。

请他人把不同的物品放在一个盒子里，然后你试着蒙上双眼去触摸它们。

有意识地赤脚行走

赤脚行走时，你可以有意识地用脚底感受地面。你可以在家里这样做，但如果能走在室外的沙滩上、草地上或专用的赤脚步道上会更好。顺便说一下，如果你闭上双眼走路的话，这还可以训练你的平衡能力。

记忆中的描述

　　下面的练习最好以小组的形式完成。专心致志地看着另一个小组成员，持续一分钟。然后转过身来，回答其他小组成员提出的关于这个人的问题。通过这种方式，你可以训练自己的感知力，学会快速而专注地观察他人。

通过心理训练提升感知力

　　运动员必须不断接受体能训练，然而，有时候只需要在头脑中练习就足够了。心理训练可以帮助人们实现某些动作顺序的自动化运行，这一事实在体育界已经广为人知很久了。瑞士洛桑联邦理工学院的研究人员发现，心理训练不仅有助于运动，而且还有助于提升感知力。

　　人们直到今天都认为，要想改善感知力，必不可少的是让同一种感官印象一再重复出现。这是因为，随着时间的推移，不断地重复会加强大脑中某些神经细胞之间的突触，并形成新的突触。瑞士洛桑联邦理工学院的研究人员发现，把待解决的任务在脑海中回放几次，并不需要反复实践，也有同样的效果。

这项研究的重点是知觉学习，它可以训练人们感知图像中的微小差异或图像与背景的偏差的能力。在一项实验中，被试被要求估算线条之间的距离。他们观看有三条平行线的图像，需要识别出中间的线条是靠近右边还是靠近左边，观察图片时，他们必须对线条图案的微小变化做出尽可能快的反应。

一组被试被要求进行心理训练，即他们只看到两条线，中间那条线只能靠想象出来。另一组被试则反复观察一幅由三条线组成的图像，中间那条线有时出现在偏右一点的位置，有时出现在偏左一点的位置。在训练期间，两组被试的技能都有类似程度的提高。很明显可以看出，心理训练也同样有助于提高他们的感知力。在评估过程中还发现了另一个现象：在这两种情况下，学习效果不仅体现在被训练过的竖线，还体现在之前没有测试过的水平线，这种效果在知觉学习过程中通常不会出现，科学家们至今也无法解释。

"掏心窝子说话" 的确有用

与他人谈论愤怒、悲伤或其他生活中的负担，可以带来一种解放的感觉，每个人应该都有所体会。"说点掏心窝子的话"具有使人解放和解脱的效果。但这是为什么呢？神经心理学家马修·利伯曼（Matthew Lieberman）和他在加州大学洛杉矶分校的团队研究了这个问题。他们得出的结论是，想要淡化那些不受欢迎的感受，并不必有意识地压抑，也无须一再探求这些感觉的起因，只要能说出它们的名称就足够了。同时，现在的一些培训项目已经可以教我们在辨认出感觉的基础上，把自己的行为从无意识带入有意识的领域，从而可以对行为加以控制。美国神经科学界的权威代表认为，通过这种方式，人们不仅可以更好地控制自己的行为，还可以训练自己的共情能力，从而能够做出更好的决定，并避免压力。

记忆一直在改变

记忆是非常复杂的结构，它们不仅是一个人已经经历过的、体验过的和习得的事物的混合，而且还被人的头脑评估和加工过，甚至还会一再被加工。

记忆受制于一个不断变化的进程，然而，我们只有在很少的情况下才能有意识地感知到这个变化进程。年龄在这里起特别重要的作用，因为它最有可能将变化带入意识。我们自己的思维、对现实的认识和对经验的解释会在记忆中被改变和重新归类。

当涉及信念和价值取向时，我们最有可能体验到记忆中的改变。在灾难发生前还很"正常"的事情，在灾难发生后的不同的生活环境下，会呈现出相当不同的情况。我们的记忆会不断将"正确"转化为"错误"，将"重要"转化为"不重要"，反之亦然。

过去，大多数人的记忆建立在经验和自身经历之上。经验指的是发生在你身上的事，或者你在身体和情感上的感受。经历是指人们自己没有参与，而是作为旁观者或听众在特定情况下目睹或听到的事情。

今天，人们主要通过互联网、社交媒体、电视和广播间接获取这些经历。可以想象，人们对这些信息的感知可以有天壤之别。比起站在被风暴包围的堤坝上，甚至在水中生死一线，人们在家里舒适的座椅上观看海啸视频，感官上受到的刺激要小很多。

当然，人们没有必要也不可能拥有所有的经验。但是，如果能身临其境，人们将会调用所有感官来感知某个特定事件，与借由二手经验来经历事件相比——例如，通过虚构或非虚构文学、通过犯罪片或纪录片——对亲身经验的存储和评估与之不同，因为间接经验往往同步关联着坐在座椅上的舒适惬意和周遭的安全感。

期望来自记忆和价值观

在与其他人及与现实的关系中，期望起着非常重要的作用。期望不是在真空中产生的，即使在人们看来常常如此，我认为，期望的真正来源是记忆。只有当记忆和价值观能够在期望中得到体现时，期望才有意义。

期望无所不在。它们可能是现实的，也可能是不现实的。期望可能对具体实现有影响，也可能仅止步于我们的希望。不过，希望通常是基于事实的，它与纯粹的幻想不同，后者不基于任何事实，且已经脱离了现实。

习惯可能会使人生病

我们的许多想法只是一种习惯。如果人们每天都做一件事，它就会变得如此自然，以至于人们再也无法想象不去做这件事。习惯起源于某些模式，但也赋予这些模式以形式。因此，习惯越来越根深蒂固。当然，习惯有好有坏，通常坏习惯比好习惯更容易受到关注。

当我们的意识不愿意面对意愿和行为之间的冲突时，大脑就会释放身体信号来提示我们冲突的存在。哪怕你不愿意承认，这也是事实。这些身体信号通常表现为某种身心疾病，这类身心疾病已经可以列出一份长长的清单了，从头痛到背痛、心脏、胃和肠道不适，再到免疫系统的崩溃，所有症状和疾病都可能出现。如果人们深陷无法适应的生活模式，大脑会确保把你"解救"出来。

对环境的变化做出反应

思维模式是可以改变的，然而，这通常会对人们的整体生活方式产生深远的影响。许多人并不满意自己与自身所处环境的关系，因为这个环境所期待的事物与他们所期待的事物并不一致，虽然如此，但他们仍然认为自己的想法是正确的，认为自己的所作所为完全正当。他们几乎不可能冲出他们的"黄金笼子"。因为那需要调动精神力量，而这又需要不懈地努力、愿意学习新事物，以及愿意做出实际改变。

谁想做出更好的决定，就必须放弃习惯性的思维模式，当一个人感到内心的不满足时，放弃旧的思维模式通常是最容易的。如果你是这样的人，肯定会在这里找到灵感。

本章关键点

☆ 自我影响作为一种自我暗示的形式，具有三个基石：安慰剂效应、肯定语和灵感。神经科学家们现在确信，人们在安慰剂的帮助下可以训练大脑，使它不仅能控制身体机能，而且可以影响免疫系统和自身感受。

☆ 肯定语是确定性的词语或短语，是对人们所期望的变化进行描述或表达决心。基本上说，肯定语主要被用来对原本无意识的基本观点进行明确表述。灵感来自外界的知觉，被认为是突然出现的意外想法。对安慰剂、肯定语和灵感这三种自我影响来说，最重要的都是对新知觉持开放态度，并愿意赋予这些知觉以内在含义。

☆ 英格丽·费特尔·李说，即使是环境中最小的创造性变化，也能增进我们的幸福感，带给我们欢乐。她提出了快乐美学理论。

☆ 杜克大学神经生物学教授劳伦斯·卡茨为大脑开发了类似于有氧运动的神经生物学练习。通过结合不同的感官印象，让新事物刺激大脑，从而使专门处理知觉的大脑区域得到针对性的训练。

☆ 尽管大多数人都认为，他们具备各种各样最为差异化的行为模式，并能够根据自身的目标或处境来决定采用哪种行为模式，但基本的行为模式只有五种，原则上只是这五种行为模式在发生变化而已。它们是逃跑、坚守、适应、改变和重新解释。

☆ 记忆是非常复杂的结构，它们不仅是一个人已经经历过的、体验过的和习得的事物的混合，而且还被人的头脑评估和加工过，甚至还会一再被加工。在与其他人及与现实的关系中，期望起着非常重要的作用。期望不是在真空中产生的，即使在人们看来常常如此，期望的真正来源是记忆。只有当记忆和价值观能够在期望中得到体现时，期望才有意义。

感知自己、了解自己，这是自我影响的基础。这种自我感知和自我理解非常主观，你千万不要试图得出客观的结论，这只会徒劳无功。你也不用急于询问朋友或亲戚，试图了解他们对你、你的知觉和由此产生的行为的看法。当你已经清晰地了解自己如何感知自我时，再问这些问题也不迟。

06
CHAPTER

第 6 章

训练感官知觉

面对以下问题，请你手写出答案。仅在头脑中思考自己的答案是不够的。重要的是，通过你的答案，你表达出了对自己的肯定——即确认和决心，能够找到自己的安慰剂、象征符号、仪式和新习惯，并被激发出看待世界的新角度。这会帮助你形成新的心态，以此塑造你的未来。

你写下的一切可以只给自己看，也可以自由地与你信任的人讨论此事。请你选择书写工具和纸张，确保书写流畅。每个答案的第一句话以"我"或"我的"开头。

⤷ 环境感知训练

你如何看和你看到了什么

1. 你的视力有多好？

2. 你是否戴眼镜？如果是，这副眼镜陪伴你多久了？

3. 你的近距离视力如何？

4. 你的远距离视力如何？

5. 你的观察力有多敏锐？

6. 你需要多强的光线才能看得清楚？

7. 你在黄昏的时候视力如何？

8. 在相对黑暗的环境中，你的视力如何？

9. 你对颜色的观察力如何？

10. 请你环顾你现在身处的地方，你能感知到多少种不同的颜色，并说出它们的名称？

11. 你能看到并分辨出多少种物体的结构？

12. 当天空晴朗时，你能在晚上看到星星吗？

13. 你住在城市还是郊区，那里光线如何？

14. 你了解附近是否有晚上极度黑暗的地方吗？

15. 你去过那里吗？

16. 你想去这样的地方吗，出于什么原因？

人类是视觉动物，感知外部世界提供给我们的图像内容。不幸的是，由于各种原因，我们的视觉会随着时间而发生变化。例如，随着年龄增长，我们对深色调的感知力可能会变差，甚至用蓝色的线缝补了黑色的袜子。

人们不仅需要光明，还需要黑暗。如果这两者能同自然的体验相结合，那就再好不过了。一个人能在多大程度上容忍光明或黑暗，除受到其他因素的影响外，还取决于他们在哪里长大。出生在北极圈的人可以很好地应对这样的情况：夏天在夏至前后太阳几乎不落，而冬天则有几个月生活在黑暗中。他们已经找到了一种"冬季心态"，对他们来说，这不是为了忍受极夜，而是为了享受它。因为他们不认为冬天、黑暗和寒冷是负面的。后来搬到北极圈的人在仲夏夜更容易感受到压力，在极夜更容易遭受抑郁症的困扰。看起来，如果面对无法改变的感知，找到正确的心态才是重要的。

你要确保有足够的日照，因为阳光能使我们振作起来，对我们的情绪有积极的影响。光线会刺激人体分泌幸福激素——5-羟色胺，而日光中的高蓝光含量会抑制睡眠激素——褪黑素的分泌，这使我们在白天保持清醒和生产力。日光也参与了我们体内维生素的合成，只有阳光能使维生素 D 形成，从而增强我们的免疫力。即使是几分钟的日光浴，也会产生我们每日所需的维生素 D。由于我们一天中有很大一部分时间是在工作场所度过的，因此照明在这里起特殊的作用。冷色调的蓝光能提高我们的注意力和工作效率，而红暖色调则能使我们放松和平静。

生命体有时需要真正的、自然的黑暗。如果我们想睡觉，我们需要黑暗的睡眠环境。在黑暗中，身体会增加诱导睡眠的激素——褪黑素的分泌。如果生活在没有完全黑暗的房间，我们的健康会受损。即使是短时间的强光也会对睡眠产生负面影响，因为身体会切换到清醒状态。

还有一个问题需要我们注意，那就是我们被淹没在大量的视觉图像中。社交网络在这方面的影响很大。你可以用自拍来对冲这一点，当然不是用智能手机，而是用仍然配备传统取景器的照相机，带迷你取景屏的照相机可不行。

拍摄这些照片只是为了给自己看，而不是为了与网络上的其他人分享。试着把注意力集中在与你亲近的事物上。尽可能地靠近物体，并选择对你来说比较重要和显眼的颜色和结构。这不仅会改变你看待事物的方式，而且会改变你评价事物的方式。若有机会，你甚至可能使用显微镜，观察那些真实存在的，但你无法用肉眼感知到的事物。

你如何听和你听到了什么

1. 你的听力有多好？

2. 你是否使用助听器？如果是，为什么？

3. 你是否有耳鸣，是否已经知道如何消除它？

4. 你能听到的最高音是什么？

5. 你能听到的最低音是什么？

6. 你能听到的最小的声音是什么？

7. 在没有听力保护的情况下，你能承受的最响亮的声音是什么？

8. 你最喜欢哪种音调？

9. 你最讨厌哪种音调？

10. 你最想避免哪些声音？

11. 你是否去过大教堂或大剧场，体验过那里的声学效果？

12. 你是否去过音乐厅，并体验过那里的声学效果？

13. 你是否去过一个没有人为噪声的地方？

14. 你是否曾在一个没有或很少有自然界声音的地方待过？

15. 你最喜欢哪种大自然的声音？

16. 在你居住的地方，你能听到哪些自然界的声音？

17. 你喜欢听音乐吗？

18. 你最喜欢听什么类型的音乐？

19. 你更喜欢专注地听音乐，还是在做事情的时候作为背景声播放音乐？

20. 音乐的音量对你来说起什么作用？

21. 你会演奏乐器吗？

22. 你会唱歌吗？如果会，你是在哪里或和谁一起唱的？

23. 你能很好地辨别声音吗？

24. 你特别喜欢哪些声音？

25. 你特别不喜欢哪些声音?

噪声使人产生压力,它不仅损害听力,而且还给我们的身体带来风险,如引发心血管疾病。越来越多的年轻人没有察觉到自己正在遭受听力损伤或高血压的影响。因此,定期体检或不定期的在线听力测试是有意义的。

听力是一种转瞬即逝的感知。我们可以记住在什么情况下听到的内容,就像我们可以记住一段旋律或一首歌的歌词。大脑只需几小节的音乐记忆,就能识别出一段旋律。音乐也能唤醒记忆。但留在我们记忆中的不仅是音乐,还有故事。这些印象既可以带给我们积极的影响,也可以带给我们压力。感知自然界的声音或非常简单的人工声音,如唱歌碗或风铃产生的声音,这会令人感到放松。

人类的声音,就像面部表情一样,常常是在无意识中被感知的。在这里,它也是一种镜像神经元,使我们不仅能感知所说的内容,也能感知其间的联系。演讲者训练他们的声音以吸引听众的注意力并影响他们,这并非无稽之谈。因此,尽量不要只关注所说的内容,也要关注这些声音在你身上引起的情绪和感受。

你闻到了什么

1. 你的嗅觉能力如何？

2. 你此刻闻到的是什么气味？

3. 你如何描述这种气味？

4. 交替堵住一个鼻孔，你能否闻到一个更好或更糟糕的气味？

5. 你对哪种好闻的气味记忆特别深刻？

6. 你闻过的最糟糕的气味是什么？

7. 你将哪些地方和事件与这些嗅觉体验联系起来？

8. 是否有一些人与这些气味有关？

9. 有没有一些人，你闻不到他们身上的气味？

10. 你喜欢什么气味？

11. 你想要避免什么气味？

12. 食物和饮料的气味对你来说起什么作用？

13. 香草和鲜花的气味对你有什么作用？

14. 你是否使用香水或花露水？如果是，你喜欢哪种香味？

15. 你能描述水是什么气味吗？

16. 你能描述不同季节的气味吗？

17. 你能描述森林的气味吗？

汉斯·哈特（Hanns Hatt）是世界上最著名的嗅觉研究专家之

一，他在《嗅觉和味觉》（*Kleines Buch vom Riechen und Schmecken*）一书中对鼻腔训练和"大脑慢跑"给予了指导。他说，每天只需几分钟的定期训练就能提高嗅觉能力。他不推荐填字和数独游戏，而是建议他的读者去闻水果、香草和一切或香或臭的事物，并尽可能多地了解新的气味。这促进了神经可塑性，使大脑保持年轻。但是，这不仅是为了训练大脑，还是为了识别熟悉的气味，因为它们或许与某些已经被遗忘的记忆和情感有关。哈特建议，不仅要对香草进行嗅觉训练，还要对香料、水果或蔬菜进行嗅觉训练。一切可食用的东西都可以被品尝到气味，因为嗅觉和味觉是协同运作的。

与嗅觉有关的一个重要领域是芳香疗法。该疗法表明，精油不仅影响我们的情绪，而且还可能缓解头痛和治愈伤口。芳香疗法不属于替代性治疗方法，而是古典草药、植物疗法的一部分。

你尝到了什么

1. 你的味觉有多好？

2. 你对甜、酸、咸、苦等味道的辨识程度如何？

3. 你能识别和描述哪些口味的组合？

4. 在饮食方面，味觉和嗅觉的结合对你来说起什么作用？

5. 你最喜欢什么味道？

6. 你尽量避免哪种味道，为什么？

7. 你喜欢尝试新口味吗？

8. 你从未接触过哪种食物？

9. 你有没有蒙着眼睛或在完全黑暗的环境中吃过东西？

味觉的体验以一种高度复杂的方式与其他感官相连。当然，首当其冲的是与嗅觉的联系。另外，食物的颜色也会影响我们的味觉感受。所谓的口感不仅包括口腔黏膜的感受，还包括我们咀嚼时听到的声音——如食物是脆的，我们可不仅仅是感觉到它。连疼痛感也会参与到味觉中来，尤其在涉及辣味时。当然，对温度的感觉在味觉的发展中也起到了一定的作用。

对前文所提到的嗅觉研究专家汉斯·哈特来说，咀嚼在品尝中起最大的作用。他建议，任何想要训练味觉的人都应该从训练咀嚼开始，这将释放出我们在其他情况下无法察觉的芳香物质。而如果膳食中的愉悦感超越了饱腹感，我们就会得到一种难以忘怀的感官体验。

通过触摸体验世界

1. 当你触摸某样东西时，你的第一感觉是什么？

2. 当你被触摸时，你有什么感觉？

3. 你多长时间触摸一次你的伴侣、孩子或朋友？

4. 你的指尖和手的触觉如何？

5. 你可以用脚感受到什么？

6. 哪些物体的表面能被你感知到并描述出来？

7. 哪些温暖的感觉对你来说是愉快的？

8. 你觉得热到什么程度会让你不舒服？

9. 你是否在烧红的炭火上行走过？

10. 你愿意在研讨会或实验中在烧红的炭火上行走吗？

11. 你认为什么是冷，你是如何感觉到冷的？

12. 你会触摸你看不到的东西吗？

触摸对身体和心理都有积极的影响。触摸不仅表达了情感，还唤醒了我们所接触的其他人的情感。抚摸是最有刺激性的触摸。触摸可以减少人们的压力，并减少恐惧或痛苦的感觉。触摸甚至对免疫系统有影响，经常被拥抱的人较少受到感染，对疼痛也不太敏感。莱比锡大学脑科学研究所触觉研究实验室负责人马丁·格伦瓦尔德说："触摸是我们身体的药房。"但不是每一种形式的触摸都是令人愉快的，有些触摸甚至是越界的。我们不应该低估触摸的重要性，尤其是在家庭内部。

➲ 身体感知训练

保持平衡

1. 你是否有时会有失去平衡的感觉？

2. 你喜欢骑自行车吗？

3. 你骑过独轮车吗？

4. 你会走钢丝吗？

5. 你有没有跳过蹦床，感觉如何？

6. 你介意爬梯子吗？

7. 你是否曾在高塔上眺望过城市或乡村？

8. 当你从一座塔上往下看时，你会感觉到什么？

我们在高空所感受到的头晕不仅与我们的平衡感有关，而且与我们的视觉有关。在高空，眼睛没有为大脑找到固定的方位点，平衡感试图接收这一信息，使我们进入一个摇摆的状态。即使是三米左右，有时甚至是更低的高度，也会令人产生头晕的感觉。

保持运动

1. 你今天能像十年前一样灵活运动吗?

2. 你的动作是否有障碍?

3. 你在做某些动作时有疼痛感吗?

4. 你的日常运动习惯是什么样的?

5. 你今天运动了吗?

6. 你能否真正完成你想做的所有动作,并能收获满足感?

7. 你平时做什么运动?

8. 运动是否给你带来快乐?

9. 你是否想改变目前的状况,应该怎样做?

10. 你如何评估你在未来五年、十年和十五年的可动性?

最健康的运动形式是徒步。这将自动减少压力激素,给大脑提供更多的氧气。然而,在行走时,你不仅要注意动作和呼吸,还要注意周边的环境。当然,最好是在开阔的户外运动,但即使在城市里,你也可以通过步行提高你的力量、耐力、灵活性和协调性。

感受自我

1. 你是如何感知自己的心跳的?

2. 你是否有时会感到心慌，在哪些情况下会出现这种状况？

3. 你知道自己的血压值吗？

4. 你能感觉到自己的脉搏及它在压力下的变化吗？

5. 你怎么知道自己什么时候需要吃东西？

6. 你怎么知道自己什么时候需要喝东西？

7. 你的消化系统感觉如何？

8. 你是否会突然想上厕所，能否很好地控制住这一切？

9. 你是否有时觉得自己吃得太多或吃错了东西？

10. 你如何看待吸烟？

11. 你是否有时会脚冷或手冷？

12. 你有自己信任的医生吗？

13. 你什么时候去看医生？

14. 你多长时间去看一次医生？

15. 你是否有时感到疲惫和不适，能否说出这种情况的原因？

16. 你会定期去做检查吗？

　　注意你的身体在告诉你什么，身体信号为直觉打开了正确解释信息的途径，有时候，为自己开出卧床休息的"处方"足以预防一些疾病的发生。

感受疼痛

1. 你目前是否有慢性疼痛，你是怎么注意到它的？

2. 当这种疼痛出现时，你如何对待它？

3. 你在某些情况下有急性疼痛吗？

4. 你是否接受过医疗干预，但没能令你满意？

5. 你是否经常出现意外伤害？

6. 你是如何处理疼痛的？

7. 到目前为止，你所经历的最强烈的疼痛是什么？

8. 你愿意为什么而忍受疼痛？

非专业人士往往很难区分无害和有问题的疼痛。只有当你准确知道疼痛的原因，并能评估受伤的程度时，你才可能自行治疗。例如，这适用于简单的昆虫咬伤，在几小时内疼痛和发红就会自行消失。但在被蜱虫叮咬或伤口日益肿胀或发红的情况下，最好是询问医生。

许多人只是发生了一次轻微的事故，但却总是怀疑疼痛的根源比他们想的要糟糕，于是会拖延着不去诊所，因为他们害怕自己不得不去更大的医院。这种担忧在大多数情况下并非良策，最好克服恐惧，去看医生，因为拖延的后果可能更严重。如果你患有慢性疼痛，并想了解更多关于这个主题的信息，我们推荐古斯塔夫·多博斯（Gustav Dobos）教授的书《驱逐疼痛，享受人生——以现代医疗手段增强自愈力》(*Endlich schmerzfrei und wieder gut leben - Die eigenen Heilkräfte stärken mit moderner Naturheilkunde*)。

感受生命的节奏

1. 你的睡眠充足吗？

2. 你有睡眠问题吗？

3. 你早上一般几点起床？

4. 你觉得晚上按时睡觉容易吗？按时睡觉对你意味着什么？

5. 你能一觉睡到天亮吗？

6. 你的卧室里是否有整夜开启的光源？

7. 你是否有机会在白天有短暂睡眠？

8. 你会利用这种睡眠的机会吗，小睡会持续多长时间？

9. 你一年四季都能接受足够的光照吗？

10. 长途旅行时，你是否会遭受时差的困扰？

11. 你有固定的日常节奏吗？

12. 你有固定的饮食节奏吗？

13. 在一天中是否有几个时间段是你可以自由安排的？

14. 你是否感到有时时间过得比较快或慢？

15. 你如何看待不同的季节？

如果我们内在的生物钟被打乱，我们的健康会受到很大的影响。仅仅一小时的时间变化，例如，冬令时到夏令时的转变，也会导致睡眠障碍。对一些人来说，生物钟需要几天时间才能再次与自然时间同步，各个细胞的生物钟和睡眠相互影响。原则上，每个人都生活在一个 24 小时的节奏中，这个节奏是通过进化形成的。

我们对环境的感知、当然更主要的是对明暗节奏的变化的感知，在不断重新调整我们的生物钟。然而，我们的生物钟也能够识别虚假的自然时间信号。每一个细胞，每一个器官，整个有机体都有分子钟，在新陈代谢、肌肉张弛、肾脏运作的过程中，当然还有在我们的精神表现和注意力产生波动的时候，我们会感觉到这一点。在健康的人身上，这些不同的"发条"会反复地自我协调。

激活自愈力

1. 你如何感受不舒适的状态？

2. 你如何感受健康的状态？

3. 你目前是否患有某种疾病，你如何看待这些疾病？

4. 你害怕得病吗？

5. 你害怕得什么病？

6. 你对自己的身体照顾得如何？

7. 你认为这种照顾是否足够，为什么？

通过收集积极的感知，你可以促成健康的生活。健康的生活也包括冥想练习、瑜伽、体育锻炼和健康的饮食。用让你兴奋的事情来占据自己的时间，或者只是让你平静下来，都能促进健康。如今，压力是导致身体症状的心理原因，这一点越来越普遍。如果你怀疑你的情况也是如此，请与你信任的医生交谈。

➲ 内容感知训练

与世界联通

1. 你每天花多少时间来收集新信息？

2. 你是如何收集这些信息的？

3. 你如何评价外界提供给你的信息？

4. 你理解所有信息吗？

5. 什么信息你能记住，什么信息不能？

6. 你是否使用存储设备来存储知识，如智能手机或计算机？

7. 你多长时间访问一次你在这些设备上存储的信息?

8. 你会说一门或多门外语吗?

9. 你也收集用外语传达的信息吗?

10. 你喜欢和别人说话吗?

社交媒体在很大程度上影响了人们的生活。隔着屏幕阅读或交流限制了人们对信息的深度理解和语言的多样性。我们能自动获取或接受的信息越多，我们的思维可能就越贫乏。因此，请不要停止阅读纸质的报纸和书籍。

你如何向自己解释这个世界

1. 你是否对某些主题进行过深度思考?

2. 你有过沉思吗?

3. 在安静的时候，是否有新的想法突然在你的脑海中闪现?

4. 你会有意识地积累经验吗?

5. 你如何有意识地积累经验?

6. 你的记忆力有多好?

7. 你会通过拍照来帮助自己记忆吗?

8. 你多长时间看一次自己的照片?

9. 你记得一些笑话吗?

10. 你擅长讲笑话吗？

11. 你喜欢胡言乱语、"侃大山"吗？

12. 你常常严肃吗？

13. 你常常开心吗？

14. 你常常难过吗？

15. 是否有某些原因或场合让你感到高兴或悲伤？

你会独立思考吗？还是只会用浏览器搜索文字、图片和视频？我们需要活在真实的世界里，而不是虚拟的世界里！社交媒体通常不会给你真实的体验，而只会给你别人为你选择的东西。

你是如何看待他人的

1. 你能很好地与他人产生共鸣吗？

2. 在人际交往中，你是否注意到他人的面部表情或身体姿态？

3. 你能否从面部表情或身体姿态中得出正确的结论？

4. 他人是否自发地愿意告诉你他们的私事？

5. 你看书是为了了解他人，认识他们吗？

6. 你对他人说什么或想什么感兴趣吗？

7. 你是否从事必须理解他人的职业，是否愿意从事这种职业？

同理心必须进行实践训练。视频会议不能取代人们与他人接触。居家办公、网上购物和网络游戏将比电动汽车更能改变世界。

⊃ 从事后聪明到未雨绸缪

1. 写下迄今为止对你影响最大的人、情境、记忆和经历。

2. 写下你想重复过去的哪些经历。

3. 写下你在未来希望有哪些新的经历。

4. 写下你想如何、何时、何地拥有这些经历。

5. 写下这些经历可能与哪种感知有关。

在这个充满了不确定性、日益复杂和模棱两可的世界里，请试着利用本书的内容学会用新的感知善待自己，发掘新的领域。通过积极的感知增强你的复原力。用新的感知取代旧的想象、旧的愿望和旧的习惯。找到自己，改变自己。不要把你想做的一切推迟到将来。不要指望一切都能回归到你熟悉的方式上。把重点放在今天，而不是昨天。现在就用你所有的感官来生活吧！

致谢

　　我们向所有坎普斯出版社的同事表示感谢，他们的才智和努力促成了本书的出版。我们想特别感谢商务总编审和顾问斯特凡妮·沃尔特（Stephanie Walter），她的建议翔实，她以耐心而幽默的方式与我们沟通，并促成了各方的交流合作。此外，我们还想向蒂埃里·韦恩伯格（Thierry Wijnberg）致以特别的感谢，他对本书的标题提出了宝贵的建议，以此言简意赅地表述了本书的核心思想："我们所感知的，构成了我们。而通过我们自己的感知，我们可以发展出力量，使我们超越自我而成长。"这一信息起初由一只猫咪传达给我们，却也并非偶然。我们的猫咪每天坚持训练我们的感知，因为它不断养成新的习惯，然后再加以改变。于是它教会了我们去注意哪怕很小的改变，并一直保持警觉。

版权声明

Original title: *Selfinfluencing: Trainieren Sie Ihre Wahrnehmung und entscheiden Sie über Ihre Zukunft* by Ruth E. Schwarz and Friedhelm Schwarz © *2021* by Campus Verlag GmbH